알기 쉽게 설명한
LED
발광다이오드

Ando Koushi(安藤 幸司) 지음
김소라 번역
방형진 감역

발광다이오드(LED:Light Emitting Diode)는 전력의 절약, 긴 수명, 환경이 아름다워진다는 특징뿐만 아니라 가격도 적당해서 근래 가정용 조명 시장에 급속도로 확대되고 있다.
이 책은 "최근 새로운 광원"이라는 LED에 주목하여 그 기초 원리부터 재료 특성, 제품 사양서를 읽는 방법부터 응용사례까지를 그림으로 이해하기 쉽게 해설했다.

日本 옴사·성안당 공동 출간

알기 쉽게 설명한
LED 발광다이오드

Original Japanese edition
Rakuraku Zukai Hakkou Diode no Shikumi
by Koushi Ando
Copyright ⓒ 2010 by Koushi Ando
published by Ohmsha, Ltd.

This Korean Language edition is co-published by Ohmsha, Ltd. and SEONG AN DANG Publishing Co.
Copyright ⓒ 2011
All rights reserved.

All rights reserved. No part of this publecation be reproduced, stored in a retrieval system, or transmitted, in any form or by any means, electronic, mechanical, photocopying, recording, or otherwise, without the prior written permission of the publisher.

이 책은 Ohmsha와 성안당의 저작권 협약에 의해 공동 출판된 서적으로, 성안당 발행인의 서면 동의 없이는 이 책의 어느 부분도 재제본하거나 재생 시스템을 사용한 복제, 보관, 전기적, 기계적 복사, DTP의 도움, 녹음 또는 향후 개발될 어떠한 복제 매체를 통해서도 전용할 수 없습니다.

말머리

　최근 발광다이오드(LED: Light Emitting Diode)에 많이 주목하고 있습니다. 발광다이오드는 일상 속 모든 곳에서 사용되기 시작하고 있습니다. 즉 21세기 광원이라고도 할 수 있습니다. 발광다이오드가 등장한 초기에는 가시광 발광은 하지 못하여 적외발광(赤外發光)했지만 그것도 아주 약한 빛이었습니다. 그것이 가시광을 방출하는 것이 나타나고, 출력이 큰 것이 생기자 단순한 표시등 역할에서 조명 역할을 하게 되었습니다.

　필자는 1970년대부터 30년 이상 영상세계에 종사해왔습니다. 영상이라 하더라도 과학적인 입장에 서있는 것이고, '계측을 목적으로 한 특수 카메라'를 사용한 영상계측 분야입니다. 우주개발과 자동차의 충돌실험 등에서 볼 수 있는 슬로 모션을 촬영할 수 있는 특수한 카메라를 다루어 왔습니다. 이런 라이프워크(lifework) 속에서 어디까지 영상을 계측수단으로 사용할 수 있을 지를 항상 생각해 왔습니다. 그러면서 저절로 자연과 빛에 대한 조예도 깊어지고, 촬영을 위한 광원(光源)에 대해서도 깊이 알게 되었습니다.

　발광다이오드는 필자가 그런 일을 하게 된 1970년대 후반부터 빨간빛을 내는 콩알만한 표시광원으로써 급속하게 사용되어 왔습니다. 그때까지의 표시소자는 꼬마전구나 네온램프였습니다. 네온램프는 AC 100V의 전원이 필요했습니다. 게다가 유리밸브이고, 사이즈도 컸습니다. 그런 표시소자를 능가하는 발광다이오드가 나타나고, 휘도(輝度)를 강하게 하여 발광색도 오렌지색에서 녹색, 청색으로 진화했습니다.

　본서는 이런 발광다이오드의 성능과 특징에 대해서 사용하는 분의 입장에 서서 이해하기 쉽게 설명했습니다. 필자가 걸어 온 기술 분야의 관계상, "빛"을 포괄적으로 본 설명도 많이 포함되었습니다. 그런 점에서 다른 발광다이오드의 해설서와는 다른 측면을 내세웠다고 생각합니다. 인류가 가진 광원은 많고, 여러 기술 혁신을 부여해왔습니다. 그 중에서 발광다이오드가 어떤 위치에 있는 지는 본서로 터득할 수 있을 것입니다.

　이 책을 읽고 발광다이오드를 보다 가깝게 느끼게 되어 일과 생활 속에서 발광다이오드를 보다 깊게 이용할 수 있다면 더 이상 바랄게 없습니다.

2010년 11월
Ando Koushi(安藤 幸司)

차 례

CHAPTER 01 발광다이오드의 특징

1-1 발광다이오드가 가져온 것 ························· 3

1-2 발광다이오드의 특징 ····························· 6

1-3 발광다이오드를 점등시킨다. ······················ 13
    ✤ 간단한 회로에서의 점등 ························· 13
    ✤ 기본 구조는 반도체 구조(다이오드) ················ 14
    ✤ PN 접합 ···································· 16
    ✤ 발광다이오드의 구조 ··························· 20

1-4 발광다이오드의 성장과정 ························ 21
    ✤ 발광다이오드의 발상 ··························· 21
    ✤ 발광다이오드는 적외 발광에서 시작했다. ············ 23
    ✤ 대출력화 하기 위한 도전 ························ 24

1-5 반도체 레이저와 발광다이오드의 차이 ············· 25
    ✤ 반도체 레이저와 발광다이오드는 형제 ·············· 25
    ✤ 반도체 소자는 같고, 차이는 구조에 있다. ··········· 26

1-6 LED 밝기의 단위 ······························ 28
    ✤ 칸델라, 밀리칸델라 ···························· 28
    ✤ 와트 ······································· 29
    ✤ 루멘 ······································· 30
    ✤ 칸델라, 와트, 루멘의 관계 ······················· 32

1-7 청색 발광다이오드 개발의 역사 ··················· 33
    ✤ 청색 발광다이오드 개발에 집착(그 장점) ············ 33
    ✤ 청색 발광다이오드 개발의 돌파구 ················· 34
    ✤ 백색 발광다이오드로의 광명 ····················· 35

1-8 발광다이오드 제품의 실제 ······················· 37
    ✤ 발광 파장별 LED 분류 ························· 37
    ✤ 출력별 LED 분류 ····························· 38
    ✤ 형상별 LED 분류 ····························· 39

차 례

CHAPTER 02 빛에 대한 기초 지식

2-1 빛난다는 게 어떤 것일까? ··········· 43
- 발광의 본질적인 것 – 빛과 전자 ··········· 43
- 전자파 ··········· 44
- 빛은 에너지 ··········· 45
- 발광의 종류 ··········· 47
- 빛의 작용 ··········· 51

2-2 빛의 단위 ··········· 55
- 광도, 칸델라[cd] ··········· 56
- 광속, 루멘[lumen] ··········· 57
- 조도, 럭스[lux] ··········· 58
- 휘도, 니트[nt] ··········· 60
- 와트[W] ··········· 60
- 칸델라의 빛의 색 ··········· 62

2-3 양자발광의 의미 ··········· 63
- 포톤(Photon)과 포논(Phonon) ··········· 63
- 광자(포톤) ··········· 64
- 에너지갭 ··········· 65

CHAPTER 03 여러 가지 광원

3-1 형광등 이전의 광원 ··········· 73
- 태양광 ··········· 73
- 촛불 ··········· 75
- 가스등 ··········· 77
- 아크 전등 ··········· 79
- 백열전등 ··········· 82
- 형광등(저압 수은등) ··········· 86

v

3-2 HID 램프 ·········· 91
- 고압 수은등 ·········· 91
- 메탈 할라이드(HMI) 램프 ·········· 95
- 나트륨 램프 ·········· 99
- 제논 램프 ·········· 101
- 제논 플래시 ·········· 103

3-3 레이저 등장 이후 ·········· 108
- 레이저의 기본 원리 ·········· 109
- 반도체 레이저 ·········· 113
- X선 광원 ·········· 116
- 루미네선스 – 인광과 형광 ·········· 122

3-4 발광다이오드를 다른 광원과 비교한다. ·········· 125
- 백열전구와 비교한다. ·········· 125
- 형광등과 비교한다. ·········· 126
- 고압 방전등(수은등, 메탈할라이드 램프, 나트륨 램프)과 비교한다. ·········· 126
- 레이저와 비교한다. ·········· 127

3-5 LED 전구는 백열전구를 대체할 수 있을까? ·········· 128
- 백열전구와 형광등이 LED 전구로 바뀔 때 ·········· 130
- 거실에서 사용하는 경우(형광등 비교) ·········· 132
- LED 전구의 투자가치 ·········· 133

CHAPTER 04 주변에서 사용하고 있는 발광다이오드에 대해 알아보자.

4-1 일상생활 속에서 쓰이는 발광다이오드 ·········· 137
- 전자기기의 표시 램프 ·········· 137
- 도어 센서 ·········· 139
- 바코드 리더 ·········· 140
- 손전등 ·········· 141

	✤ 안내 표시판 ……………………………………………	143
	✤ 교통신호기 ……………………………………………	145
	✤ 주택용 전구 ……………………………………………	147
	✤ 자동차 헤드램프 ………………………………………	147
	✤ 액정 텔레비전 면발광 광원 …………………………	148
	✤ LED 프린터 ……………………………………………	150
4-2	전자기기에서 활약하는 LED 센서 ……………………	152
	✤ 포토커플러 ……………………………………………	152
	✤ 포토 인터럽터 …………………………………………	155
	✤ 솔리드 스테이트 릴레이 ……………………………	156
	✤ 광섬유와의 조합 ………………………………………	157
	✤ 측거 센서 ………………………………………………	160
	✤ 위치 센서 ………………………………………………	161
4-3	발광다이오드의 장점과 단점 …………………………	163
4-4	발광다이오드의 수명과 인체에 미치는 영향 ………	165

CHAPTER 05 발광다이오드의 성능에 대해 알아보자.

5-1	시판 제품으로 본 발광다이오드 ………………………	169
5-2	성능표를 보는 방법 ……………………………………	171
	✤ 최대 정격 ………………………………………………	173
	✤ 동작 전류/ 동작 전압 …………………………………	175
	✤ 광출력 …………………………………………………	177
	✤ 순전류 …………………………………………………	180
	✤ 역전압, 열저항 ………………………………………	181
	✤ 발광파장 ………………………………………………	182
	✤ 확대각 …………………………………………………	183
	✤ 동작 주위 온도 ………………………………………	188
	✤ 수명 ……………………………………………………	188

CHAPTER 06 발광다이오드를 능숙하게 사용하자.

6-1 발광다이오드를 실제 사용할 경우의 주의점 ·············· 193
  ✤ LED를 발진시킨다. ························· 193
  ✤ 소자의 냉각에 주의한다. ··················· 198
  ✤ LED광을 확대하고 집광시킨다. ············ 199
  ✤ LED광을 광섬유로 이끌어낸다. ············ 201
  ✤ LED 스트로보로 사용한다. ················· 203

6-2 발광다이오드에 사용하는 전원 ····················· 209

6-3 설치할 때 주의점 ··································· 212

6-4 사용 환경과 방열 대책 ······························ 213

부 록 LED에 관한 Q&A

부 록 초급편 ··· 217
부 록 상급편(빛 관련) ······································· 224
부 록 상급편(전기 관련) ····································· 232
부 록 상급편(열 관련) ······································· 238

권말자료 ··· 243
찾아보기 ··· 245

CHAPTER 01

발광다이오드의 특징

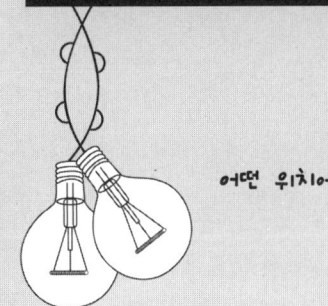

본 장에서는 발광다이오드의 특징에 대해서 소개합니다.
어려운 발광원리는 일단 뒤로 미루고, 발광다이오드가 광원으로써
어떤 위치에 있으며 어떤 특징이 있는지 이해하는 것이 이 장의 목적입니다.

1-1 발광다이오드가 가져온 것

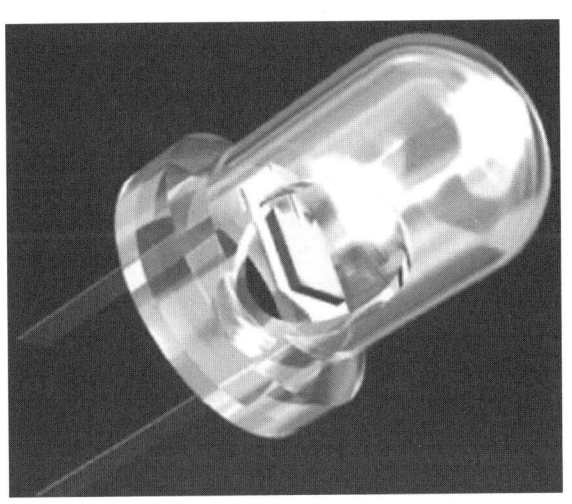

○ 그림 1.1.1 포탄형 발광다이오드

발광다이오드는 광원으로는 완전히 새로운 분야의 물건입니다. 기존의 백열전구에서 볼 수 있는 열을 동반한 광원이라든지 형광등에서 볼 수 있는 전기방전을 이용한 광원과는 다른 구조를 가지고 있습니다. 따라서 그 특징도 기존의 광원과는 크게 다릅니다. 발광다이오드는 트랜지스터와 컴퓨터 내부에 사용되고 있는 반도체 소자 부류에 속하고, 다이오드라 불리는 반도체 소자가 발광하는 것입니다.

반도체 소자는 기존의 진공관 소자와는 구조가 전혀 다른 전기 소자이기 때문에 고체 소자라 불렸습니다. 백열전구와 형광등이 진공관 소자의 부류라면 발광다이오드는 고체 소자의 부류에 속합니다. 텔레비전 브라운관과

제1장 발광다이오드의 특징

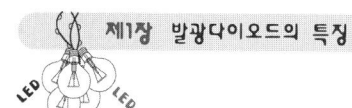

전자회로의 진공관이 시대의 흐름에 따라 액정과 IC 등의 고체 소자로 옮겨진 것처럼 발광 소자도 고체 소자의 시대가 되었습니다.

돌이 빛을 낸다. 인류가 만든 "돌"이 빛을 낸다.

이것을 발광다이오드라 합니다. 빛을 내는 돌이라면 형석(螢石) 등과 같은 여기(勵起=들뜬상태)로 인해 빛나는 것도 있습니다. 또, 라듐과 같은 방사성 물질도 스스로 빛을 방출합니다.

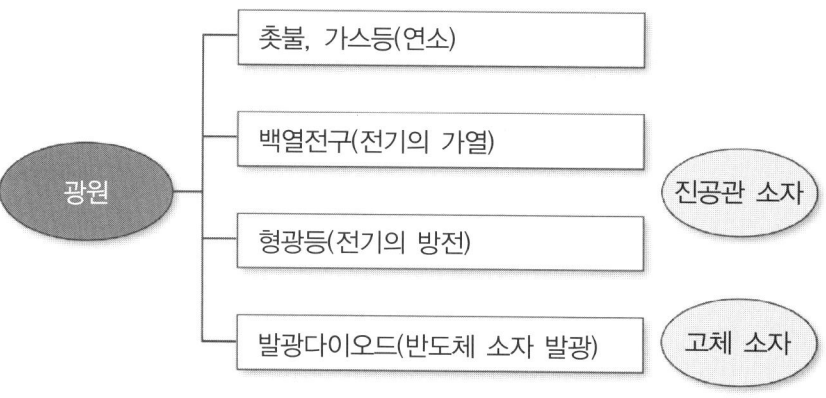

◎ 그림 1.1.2 여러 가지 광원

발광다이오드는 발광원리에 관해서는 후자에 가깝습니다. 즉, 반도체를 구성하는 분자구조가 에너지(전기에너지)를 받아 특정한 파장을 방출한다는 백열전구와 같은 열 성분을 동반하지 않는 발광입니다. 기존의 광원이 분자를 진동(가열)시켜, 그 열운동에 따라 백색광을 방출한다는 것과는 아주 다릅니다.

발광다이오드는 LED(엘이디)라고도 불립니다. Light Emitting Diode라는 영어의 약자이고, 빛을 방출하는 다이오드라는 의미입니다. 다이오드는 트랜지스터와 함께 반도체 소자의 대표적인 것입니다. 발광다이오드를 조금 배워보고 싶다면 반도체에 대해서도 조금 알아야 합니다.

다음 절에서는 그런 발광원리를 가진 발광다이오드의 특징에 대해 설명합니다.

1-2 발광다이오드의 특징

다음은 양자발광이라는 발광원리를 가진 발광다이오드의 특징을 설명합니다.

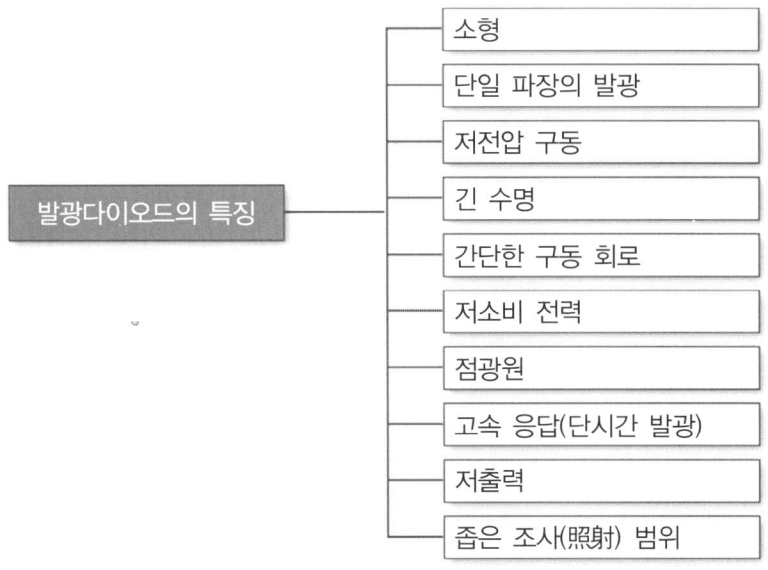

● 그림 1.2.1 발광다이오드의 특징

⁞ 소형이다

발광다이오드의 큰 특징은 다른 광원과 달리 소형이라는 점입니다. 휴대 전화에 장착(실장)되어 있는 발광다이오드를 보면 쌀알 정도의 크기로 매우 강하게 발광하고 있는 것을 볼 수 있습니다. 필라멘트와 밸브 형상을 필요로 하지 않는 반도체에서 만들어진 발광 소자의 큰 특징이라 할 수 있습니다.

1-2 발광다이오드의 특징

단일 파장의 발광이다

단일 파장의 발광이란 적색 성분만이라든지 청색 성분만이라는 매우 한정된 파장성분을 가진 빛을 가리킵니다. 레이저 등은 이게 특히 현저합니다. 발광다이오드의 큰 특징은 단일 파장에서의 발광입니다. 매우 한정된 빛만 발광합니다. 이는 다른 광원과는 다른 큰 특징입니다. 왜 발광다이오드는 여러 가지 빛을 내지 않는 것일까요? 그 이유는 반도체 소자를 구성하는 원자 구조에 따라 방출하는 에너지가 정해져 있기 때문입니다. 백열전구에서 볼 수 있는 것 같은 가열발광으로, 여러 가지 파장의 빛이 방출되는 메커니즘과는 크게 다릅니다(그림 1.2.2).

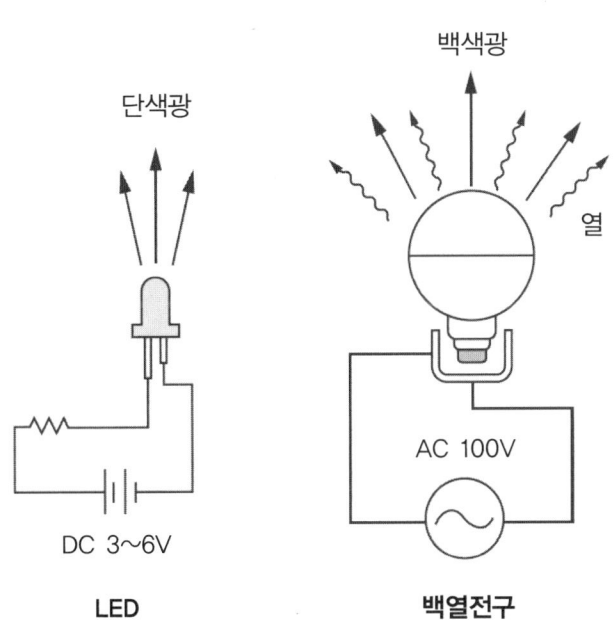

● 그림 1.2.2 LED와 백열전구의 발광 방식

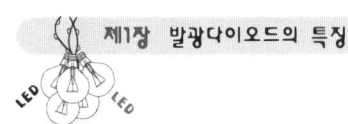

제1장 발광다이오드의 특징

발광다이오드에서는 짧은 파장의 빛을 내는 소재를 찾는 것이 가장 중요한 일이었습니다. 트랜지스터나 IC로 유명한 실리콘(Si)은 에너지갭이 0.6~0.7V이므로 원적외선 이외의 에너지 방사는 되지 않았고, 에너지갭이 1.4V인 비화(砒化)갈륨(GaAs)의 개발로 처음으로 근적외발광이 가능해졌습니다. 그리고 3.5V의 에너지갭을 가진 질화갈륨(GaN)의 실용화로 적색발광다이오드가 완성되었습니다. 발광다이오드의 발광파장은 에너지갭이 크게 작용하고 있고, 에너지갭은 발광파장을 결정짓고 있습니다. 덧붙여 말하면 백색 발광다이오드는 청색 발광다이오드에 황색 형광 도료를 도포하여, 청색과 황색의 혼합발광으로 유사한 백색이 되었습니다.

❖ 낮은 전압에서 발광한다

발광다이오드는 1.5V~6V 정도의 전압에서 발광하므로 극히 간단한 전원 즉, 건전지를 사용해서도 발광시킬 수 있습니다. 적색 발광다이오드는 1.5V의 건전지로 발광합니다만 청색·백색 발광다이오드는 3.5V의 전압이 필요합니다(그림 1.2.3).

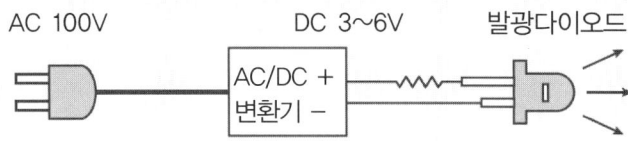

발광다이오드는 AC 100V를 직접 이용할 수 없기 때문에 DC 3~6V의 낮은 전압으로 변환하여 사용된다.

✪ 그림 1.2.3 낮은 전압으로 발광하는 LED

1-2 발광다이오드의 특징

⁃ 점광원에 가깝다

발광다이오드는 제조상의 문제로 발광면이 넓은 것을 만들기 어렵습니다. 큰 것이라도 3mm×3mm 정도입니다. 따라서 조사(照射)하는 목적에 따라서는 점광원이 되는 경우가 있습니다. 대출력 발광다이오드는 교통신호기와 같이 몇 개의 발광다이오드를 다발로 사용하고 있습니다. 발광다이오드가 점광원이기 때문에 렌즈와 반사경을 조합하여 자유도가 높은 조사를 할 수 있습니다. 휴대용 라이트와 자동차의 헤드램프 등은 이 특징을 살린 예라고 할 수 있습니다(그림 1.2.4).

LED(점광원)
발광소자가 작기 때문에 점광원이 된다.

백열전구(면광원)
면에서 발광하므로 폭넓은 조사가 가능.

형광등(면광원)
형광면이 가늘고 길어, 보다 넓은 면을 조사 가능.

✪ 그림 1.2.4 점광원과 면광원

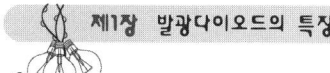

제1장 발광다이오드의 특징

▸ 수명이 길다

발광다이오드는 가열 발광이 아니므로 필라멘트와 같은 소모품도 없고, 방전등과 같은 가스를 넣을 필요가 없습니다. 발광다이오드는 구조가 견고하기 때문에 정격을 지키고 사용한다면 오랫동안 사용할 수 있습니다. 전자기기에 사용되고 있는 표시등을 10년 이상 사용하더라도 고장나는 일은 없습니다(그림 1.2.5).

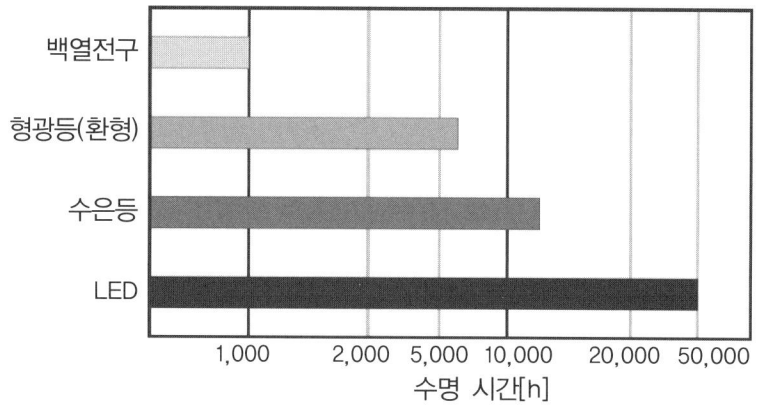

✪ 그림 1.2.5 여러 광원의 수명 비교

▸ 발광장치 회로가 간단하다

발광다이오드는 낮은 전압(1.5~6V)과 적은 전류(5~500mA)로 발광합니다. 발광다이오드는 그 자체에 전류를 억제하는 성질이 없기 때문에 전류를 억제하기 위한 저항을 직렬로 설치해야 합니다. 발광다이오드는 매우 간단한 전기회로로 사용할 수 있기 때문에, 사용자가 손수 발광회로를 만들 수 있습니다(그림 1.2.6). 발광다이오드를 발광시키는 데 가장 중요한 것은 발광다이오드에 인가(印加)하는 전압과 정격전류의 설정, 그리고 방열 대책을 세우는 것입니다.

1-2 발광다이오드의 특징

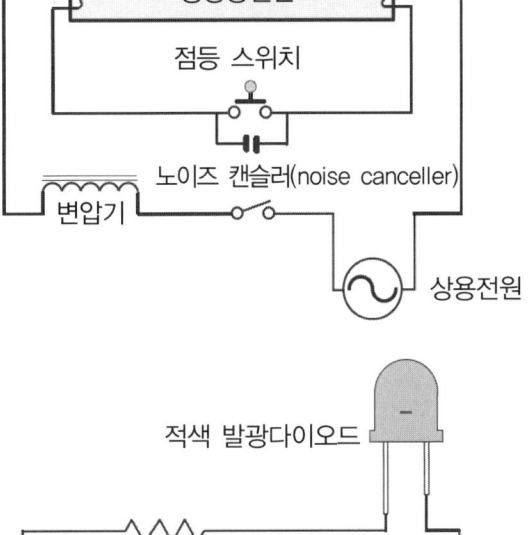

○ 그림 1.2.6 형광등의 점등회로(위)와 발광다이오드의 점등회로(아래)

❖ 소비전력이 적다

발광다이오드는 발광 메커니즘이 가열발광이 아니므로 입력한 전기에너지를 효율적으로 빛으로 변환합니다. 그 효율은 형광등과 같은 정도입니다. 소비전력이 낮은 것도 발광다이오드의 큰 매력입니다. 가정용 백열전구도 2009년쯤부터 LED 전구로 서서히 바뀌어 가고 있습니다. 9W의 LED 전구로 60W 상당의 백열전구와 같은 밝기라 하므로 약 7배의 효율을 가지는 것이 됩니다. 단, 소비전력이 낮다하더라도 전혀 열을 내지 않는 것이 아니고 소자 자체는 발열을 동반하므로 방열 대책이 필요합니다.

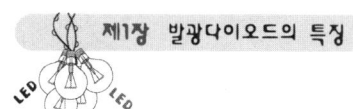

고속 응답(스트로보 발광)한다

발광다이오드는 전류에 대한 응답성이 좋으므로 스트로보 발광(단시간 발광)이 가능합니다. 일반적인 발광다이오드에서는 $10\mu s$(마이크로 초, 1/100,000초)의 발광이 이뤄집니다. 또, 반복점멸에 관해서도 1초당 100,000회(100,000Hz) 정도까지 가능합니다. 이는 발광다이오드의 큰 특징으로 카메라 등의 스트로보 광원으로 사용되고 있습니다. 또, 밝기 조정 등도 5kHz로 발광시간을 조절하는 방법으로 실시하고 있는 표시 장치도 있습니다.

대출력으로는 부적합하다

발광다이오드는 제조상 문제부터 현재로는 1소자이고 5W 정도인 것이 최대입니다. 그 이상의 대출력 LED가 필요한 경우 LED 소자 10개 이상을 배열시키고 있습니다.

광범위 조사(照射)에는 부적합하다

발광다이오드는 1소자당 출력이 작기 때문에 100m 앞의 지면을 비추는 스타디움 조명이라든지 20m 아래의 넓은 작업 면적을 광범위하게 비추는 공장 내 조명으로써는 아직 충분하지 않습니다. 실내 전구와 자동차용 헤드 램프가 현재로는 광범위 조명의 한계라고 할 수 있습니다.

1-3 발광다이오드를 점등시킨다

간단한 회로에서의 점등

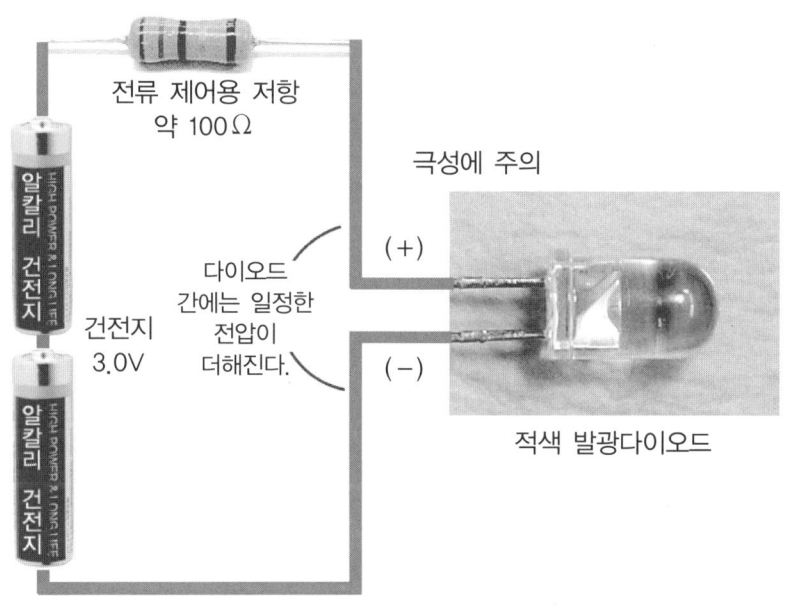

○ 그림 1.3.1 간단한 LED 발광회로

발광다이오드의 간단한 회로는 그림 1.3.1과 같습니다. 발광다이오드는 건전지 정도의 전원으로 발광합니다. 그림에 있는 발광다이오드에서는 5mA에서 20mA 정도의 전류로 발광합니다. 건전지를 그대로 발광다이오드에 접속시키면 과대한 전류가 흘러 허용 전류를 넘기 때문에 전류를 제한하기 위한 저항을 넣습니다. 저항치는 발광다이오드에 최적의 전류가 흐를 수 있도

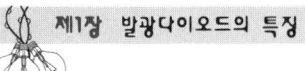 제1장 발광다이오드의 특징

록 수치를 결정합니다.

여기에서 또 한 가지 중요한 것은 발광다이오드의 양 단자에는 일정한 전압 강하가 있다는 점입니다. 적색 발광다이오드의 경우에는 1.95V의 전압이 걸리지 않으면 발광하지 않습니다. 다이오드에는 전류를 흐르게 하기 위한 전압이 필요하고, 이 전압이 없으면 전류를 흘려보내지 않습니다. 이 전압 이상의 전압이 흘러도 다이오드 간은 1.95V(적색 LED의 경우)를 유지합니다. 실제로는 흐르는 전류치에 따라 이 전압은 약간 변화합니다. 자세한 것은 사용하는 발광다이오드의 「순전류-순전압곡선」으로 구할 수 있습니다.

이리하여 전류 제어용 저항에는 건전지의 전압에서 1.95V를 뺀 만큼의 전압이 가해지고, 이 저항값에 따라 흐르는 전류가 결정됩니다. 그림의 경우에는 3.0V의 건전지로 1.05V가 저항에 걸리기 때문에 100Ω의 저항에서는 1.05[V]/100[Ω]=10.5[mA]의 전류를 흐르게 합니다. 이 전류는 발광다이오드에도 흐릅니다. 따라서 발광다이오드는 10.5[mA]×1.95[V]=20.5[mW]의 전력을 소비하게 됩니다. 이 밖에 정전류 다이오드와 정전류 회로를 사용하여 발광다이오드를 구동하면 전원 전압이 변동하더라도 일정한 전류로 다이오드를 빛나게 할 수 있으므로 밝기를 일정하게 유지할 수 있습니다.

기본 구조는 반도체 구조(다이오드)

발광다이오드는 반도체입니다. 발광다이오드의 메커니즘을 알기 위해서는 반도체를 알아야 하므로 설명하고자 합니다.

반도체 소자를 만들기 위한 가장 유명한 소재는 실리콘(Si)과 게르마늄(Ge)입니다. 매우 정밀도 있게 만들어진 실리콘과 게르마늄의 단결정은 반

1-3 발광다이오드를 점등시킨다

도체가 아니라 전기가 전혀 통하지 않는 절연체입니다. 이들의 결정구조는 공유결합이라 하여 원자가 단단하게 결합되어 있기 때문에 자유전자가 움직일 수 있는 장소가 주어지지 않아, 금속처럼 전류가 흐르지 못하는 것입니다. 이 결정구조의 일부에 불순물을 넣어(도핑하여) 결함 구조를 형성시키면 (그림 1.3.2 참조), 불순물로 인하여 전류가 흐르게 됩니다. PN 구조는 전자를 방출하기 쉬운 P층과 전자를 가지기 쉬운 N층으로 구성되고, 그것을 원자 레벨로 접합시킨 구조를 말합니다. 이것이 다이오드의 기본 구조입니다. PN 접합의 발견으로 반도체 소자는 크게 발전했습니다.

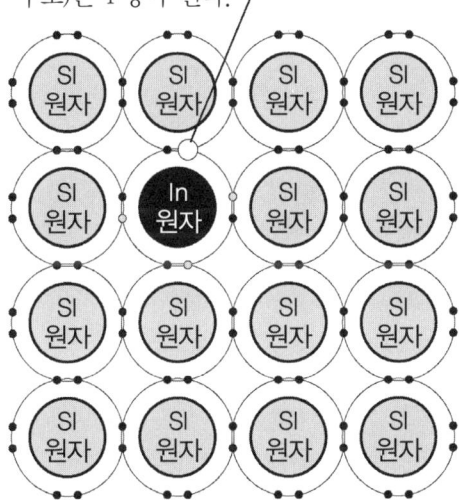

질서정연(理路整然)하게 정렬된 실리콘(Si) 단결정 속에 인듐(In)을 도핑한다(100만개에 1개 비율).

○ 그림 1.3.2 도핑으로 P형 반도체를 만듦

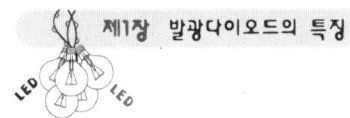
제1장 발광다이오드의 특징

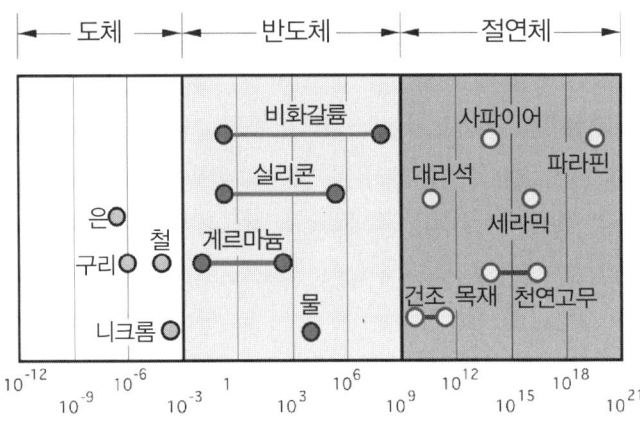

※ 고유 저항이란 단면적 1cm²의 물질이 길이 1cm에 대해서 나타내는 전기 저항치

○ 그림 1.3.3 반도체의 종류와 고유 저항치

다이오드의 큰 특성은 전류를 한 방향으로만 흐르게 하는 움직임을 갖는 것입니다. 이를 정류작용이라 합니다. 정류작용을 가진 전기소자는 교류전원을 직류로 고치는 경우와 전류를 반대로 흐르게 해서는 안 될 때 사용되었습니다. 다이오드는 진공관이 발명되었을 때 정류작용을 가진 이극진공관에 이 이름을 사용했습니다. 그 이름이 반도체에서 같은 기능이 있다고 하므로 돌려써 현재에는 반도체의 대명사가 된 것입니다.

PN 접합

실리콘의 순수한 결정은 앞에서도 설명했듯이 유리와 다이아몬드처럼 절연체이어서 전기가 통할 수 없습니다. 결정구조가 튼튼하기 때문에(공유결합) 전자를 포박하거나 분리할 수 없습니다. 하지만 결정 속에 다른 종류의 원소를 넣으면 그 부분에 원자 결합 변형이 생깁니다.

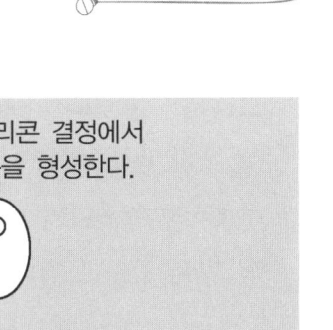

● 그림 1.3.4 접합형 반도체의 PN 접합

원자들 중에 어떤 것들은(갈륨, 붕소, 인듐 등)은 전자와의 연결가지가 3개 밖에 없기 때문에 실리콘 결정 속에 들어가면 실리콘의 4개 연결가지 중 3개까지는 연결(공유)할 수 있는데 남은 1개는 비게 되어 전자를 원하게 됩니다. 이것을 홀소자 또는 P형 반도체라고 합니다. 또, 다른 어떤 것들(비소, 인, 안티몬 등)은 전자와의 연결가지가 5개가 있어서 실리콘의 4개의 연결가지와 모두 연결하더라도 1개가 남기 때문에 전자를 가진 채 흔들흔들하게 됩니다. 전자를 주기 쉬운 캐리어 소자, N형 반도체가 됩니다.

이러한 실리콘 원자와 전기적인 결합이 조금 다른 원자를 실리콘 결정 속에 소량을 넣으면 절연 실리콘 결정에서 반도체 결정이 만들어 집니다. 이것이 P형(원자를 원함) 반도체와 N형(전자를 가지고 있음) 반도체가 됩니다. 초기의 반도체는 P형과 N형 두 종류의 반도체를 따로 만들어, 이를 접촉시켜 다이오드와 트랜지스터를 만들었습니다. 그 후, 한 가지의 반도체 결정에 P형과 N형을 만드는 접합형 반도체가 완성되었습니다.

이런 반도체 제조는 매우 고도의 기술을 요구합니다. 기판이 되는 실리콘은 99.999999999%(일레븐 나인)의 정밀도로 걸러내어 결정을 만들어야 합

제1장 발광다이오드의 특징

니다. 그 결정판을 사용하여 그 속에 불순물(가전자가 다른 금속)을 도핑하고, N형 또는 P형 반도체를 만듭니다. 이것이 반도체 소자의 가장 대표적인 구조이고 정류소자 다이오드라 불리는 것입니다. 물론 이것이 발광다이오드의 기본 구조가 됩니다.

진공관이 지금까지 해온 다이오드(전기를 한 방향으로 흐르게 하는 기능을 가진 소자) 기능을 반도체에서 할 수 있게 되었습니다. 단, 이 반도체 다이오드를 사용하여 진공관 다이오드와 같은 기능을 하기 위해서는 순방향에 전압을 더하여 P형 반도체를 뛰어 넘어, N형 반도체까지 도달할 수 있을 만큼의 전위차가 필요해집니다. 그 전위차는 반도체 소자에 따라 다릅니다.

일반적으로 이 전압은 낮은 것이 전기 손실이 적기 때문에 전위차(밴드갭)가 낮은 게르마늄과 실리콘이 사용됩니다. 그 전위차는 0.3~0.6V 정도입니다. 하지만 전위차가 적은 반도체 소자는 근적외선 발광과 가시광 발광을 할 수 없기 때문에 원적외 영역이 됩니다. 근적외보다도 짧은 발광을 하기 위해서는 적어도 1.4V에서 3.5V의 에너지갭을 가져야 하고, 이 점 때문에 트랜지스터에서 주류인 실리콘과 게르마늄에 따른 반도체 소자에서 충분한 가시광 발광을 할 수 없었습니다. 발광다이오드에서는 가시광을 내기 위해 에너지갭이 큰 소재의 개발이 이뤄지고, 갈륨과 비소를 사용한 결정 반도체 구조, 비화갈륨(GaAs)으로 적색 발광을 할 수 있게 되었습니다. 비화갈륨의 에너지갭은 1.4V였습니다.

반도체 소자의 기본 구조인 반도체 결정의 PN 접합 간에서는 지금 서술한 전위차가 생겨서 전류가 흐르면 그 접합 간에 전압×전류=전력이 소비됩니다. 이것이 다이오드를 비롯해 트랜지스터, IC 소자에서 문제가 되는 열 손실입니다. 반도체는 자기 발열로 아주 쉽게 결정 조직이 파괴됩니다. 이 열 손실이야말로 발광다이오드의 출발점이었습니다. 열 손실은 즉, 적외

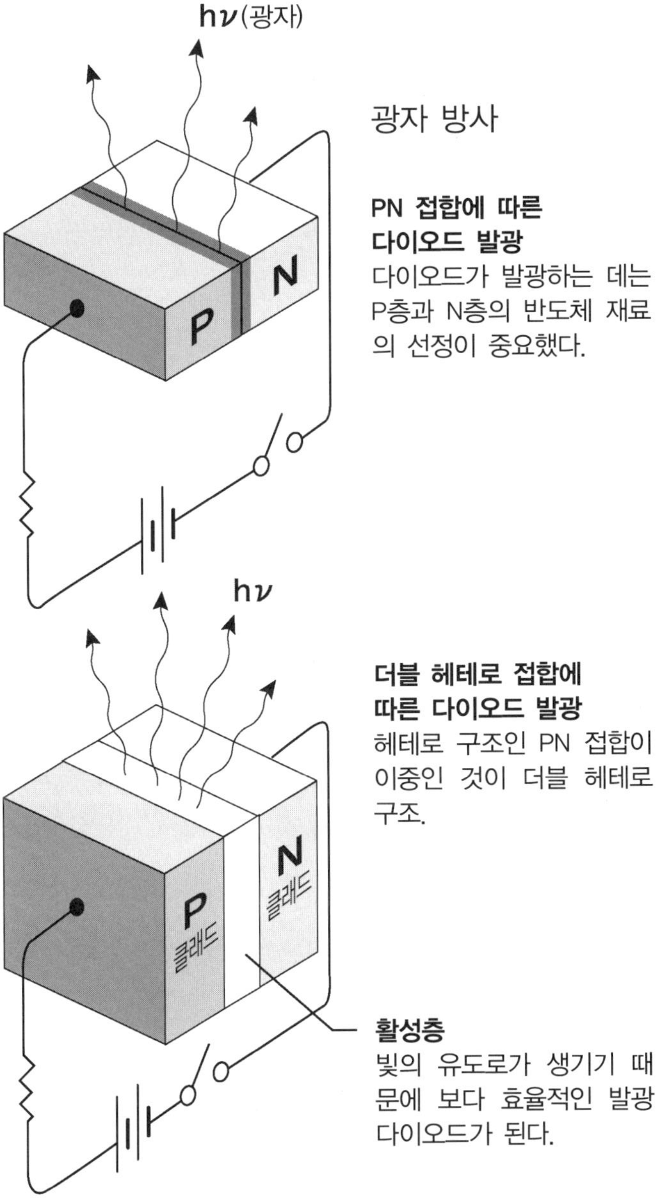

1-3 발광다이오드를 점등시킨다

광자 방사

PN 접합에 따른 다이오드 발광
다이오드가 발광하는 데는 P층과 N층의 반도체 재료의 선정이 중요했다.

더블 헤테로 접합에 따른 다이오드 발광
헤테로 구조인 PN 접합이 이중인 것이 더블 헤테로 구조.

활성층
빛의 유도로가 생기기 때문에 보다 효율적인 발광 다이오드가 된다.

○ 그림 1.3.5 PN 접합의 발광다이오드

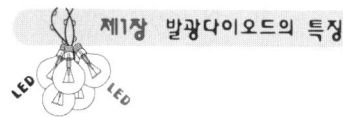# 제1장 발광다이오드의 특징

방사입니다. 적외 발광을 보다 근적외로, 그리고 가시광으로 하기 위한 반도체 소자의 개발이 발광다이오드의 시작이었습니다.

 ## 발광다이오드의 구조

그림 1.3.6에 대표적인 발광다이오드의 구조를 나타냈습니다. 발광다이오드는 에폭시 수지에 장치되어 있습니다. 외부에 단자가 설치되어 있고, 전원을 접속합니다. 발광다이오드는 PN 접합인 반도체 소자(다이오드)로 만들어져 있는 것을 알 수 있습니다. 발광은 이 PN 접합면에서 발생하고 있습니다. 양단에 전압을 더하여 전류를 흐르게 하면 이 면이 발광합니다. 플라스틱 수지는 PN 접합면에서 발광한 빛을 효율이 좋게 조사(照射)시키는 렌즈의 기능도 겸하고 있습니다.

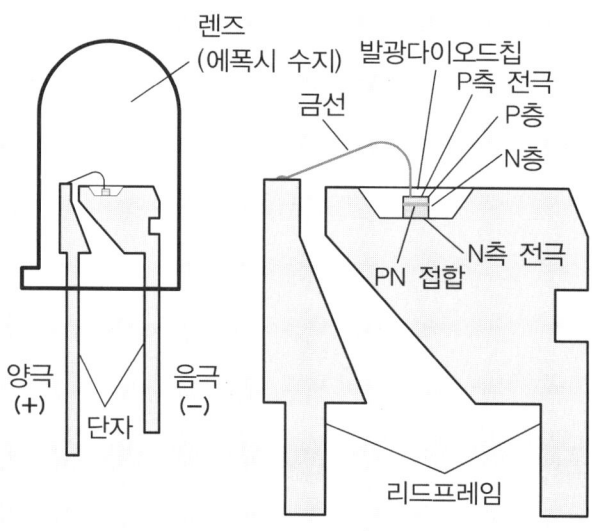

✪ 그림 1.3.6 적색 발광다이오드 전체 구조도(왼쪽)와 내부 구조 확대도(오른쪽)

1-4 발광다이오드의 성장과정

반도체가 특이한 전자방사를 하고 있다는 것은 1900년대 초부터 알려졌습니다. 하지만 당시에는 양자역학 분야가 정리되어 있지 않았기 때문에 그것이 어떤 위치에 있는지 충분히 몰랐습니다.

발광다이오드는 일렉트로루미네선스(electroluminescence)의 종류에 속하는 것입니다. 그 연구 중에서 1907년 영국의 라운드(Henry Joseph Round)가 진공관 연구를 하면서 카보런덤(탄화규소)에 전압을 더하자 발광을 일으키는 현상을 발견하였습니다. 1924년에는 러시아의 로제브(Oleg Losev)가 다이오드에 전압을 더하자 발광하는 것을 발견하여 트랜지스터의 발명을 통해 반도체 연구가 진행되고, P형 반도체와 N형 반도체 사이에서 발광현상이 있다는 것을 알게 되었습니다.

 ## 발광다이오드의 발상

반도체의 발광현상의 연구 중에서 반도체 소재와 결정구조를 최적화하자 강한 에너지 방사가 일어나는 것을 알기 시작하여 반도체 소재와 결정을 만들어 내는 연구가 계속되어 왔습니다. 이 착상은 전자와 빛의 관계를 충분하게 파악하고 나서의 일입니다. 즉, 최적화 된 결정구조와 재료로는 특정의 파장의 빛이 전자에서 직접 방사된다는 것이었습니다. 그것을 증명하는 발명이 1961년 미국의 TI(Texas Instruments)사의 팀에 의해 이루어졌습니다.

제1장 발광다이오드의 특징

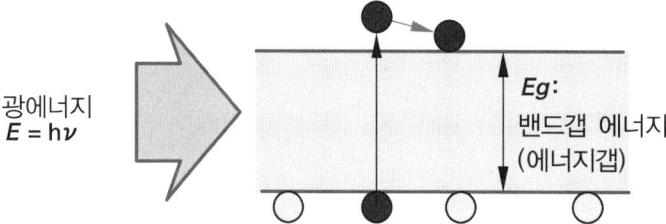

원자 구조가 극도로 정렬된 반도체 물질에서는 광에너지를 포획하는 전자의 성질이 갖추어져 있기 때문에 특정의 빛($E > Eg$)에 대해 포획한다. 이를 에너지갭에 따른 빛의 흡수라 한다.

○ 그림 1.4.1 에너지갭(빛과 전자의 관계)

그들은 비화갈륨(GaAs)의 반도체를 사용하여 적외 발광을 하는 다이오드를 발명한 것입니다. 1962년에는 마찬가지로 미국의 GE(General Electric)사의 엔지니어 닉 홀로냑(Nick Holonyak Jr.: 1928~)이 적색 가시광 발광다이오드를 발명했습니다.

하지만 이것이 실용화되기까지는 7년 정도의 시간이 걸렸습니다. 1960년대 말에 겨우 시판화되었고, 연구를 목적으로 한 시험장치의 표시장치로써 꼬마전구 대용으로 사용되었습니다. 그 후, 발광다이오드의 유용성이 인정되어 시판품으로 많이 사용되었습니다. 그 중에서도 7 세그먼트 LED라 불리는 7개의 바에서「日」의 모양을 구성하는 LED는 0~9까지의 숫자표시를 할 수 있기 때문에 기존의 표시등과는 한 획을 그은 것으로써 LED의 존재를 인식하였습니다.

1-4 발광다이오드의 성장과정

발광다이오드는 적외 발광에서 시작했다.

발광다이오드는 적외 발광에서 시작했습니다. 가시광을 방사하는 것은 어려운 일이었습니다. 왜냐하면 반도체 재료의 선정과 제작, 실용화라는 벽이 있었기 때문입니다. 가시광 발광다이오드를 만들기 위해서는 에너지갭이 높은 PN 접합을 가진 반도체 소자를 만들어야 합니다. 그 소재를 찾기가 어려웠던 것입니다(66페이지 그림 2.3.2 참조). 발광다이오드가 개발된 최초의 재료는 비화갈륨(GaAs)이고, 그 후 갈륨비소인(GaAsP)의 오렌지 발광을 가진 것과 인화갈륨(GaP)에 따른 녹색, 황색의 발광다이오드가 개발되어 왔습니다.

이들 일련의 발광다이오드 중에서 청색 발광다이오드는 제조하기가 어려워 1980년대 전반의 기술자들 사이에서는 이 다이오드를 개발하는 것은 거의

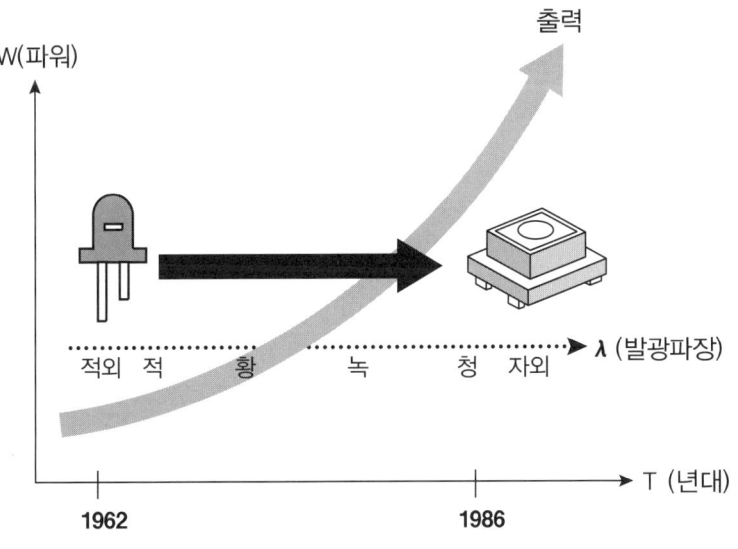

⊙ 그림 1.4.2 발광다이오드 개발의 흐름

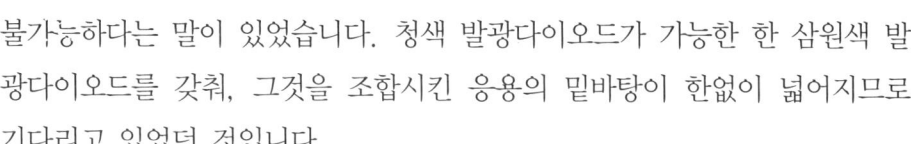

불가능하다는 말이 있었습니다. 청색 발광다이오드가 가능한 한 삼원색 발광다이오드를 갖춰, 그것을 조합시킨 응용의 밑바탕이 한없이 넓어지므로 기다리고 있었던 것입니다.

청색 발광다이오드의 자세한 내용은 1-7절에서 설명합니다.

대출력화 하기 위한 도전

고휘도 발광다이오드의 응용은 장치의 표시등이라기보다도 옥외에서의 대형 디스플레이의 발광 소자와 교통신호의 표시등, 소형 휴대용 라이트, 액정 디스플레이의 백라이트로 사용하기 위한 수요가 크고, 해를 거듭할 때마다 대출력 발광다이오드가 개발되어 왔습니다. 최근에는 백열전구를 대체할 조명용으로 각광받아 급속하게 수요가 증가했습니다. 또, 자동차의 헤드램프로 고급 자동차에 사용되기 시작했습니다.

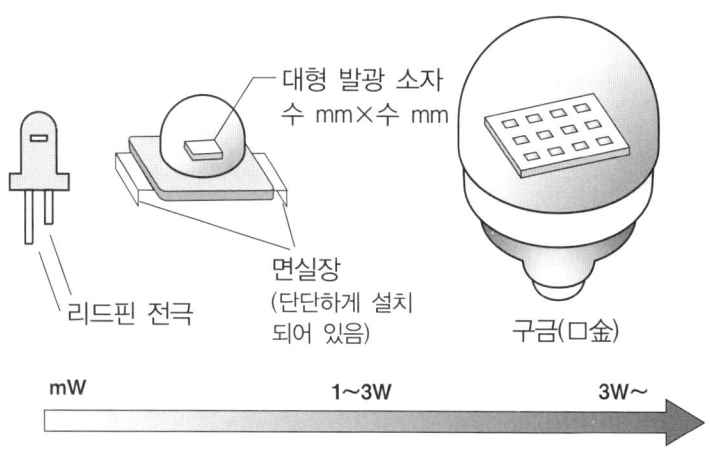

○ 그림 1.4.3 LED 대출력화의 흐름

1-5 반도체 레이저와 발광다이오드의 차이

반도체 레이저(Laser Diode)는 발광다이오드와 매우 가까운 관계인 광원입니다. 반도체 레이저는 발광다이오드의 성공 없이는 아마 실용화되지 않았을 것입니다. 발광다이오드의 개발은 반도체 레이저로 전용(轉用)할 것을 많이 의식하고 있었습니다. 청색 발광다이오드는 PN 접합형인 것이 개발되기 전에 MIS형인 것이 개발되고 있습니다(34페이지 참조). MIS는 금속(Metal), 절연체(Insulator), 반도체(Semiconductor)를 가리킵니다. 하지만 이 타입의 것을 받아들일 수 없었던 것은 MIS에서는 반도체 레이저로 전용을 할 수 없었기 때문입니다. 반도체 레이저와 발광다이오드의 차이는 발광다이오드를 레이저 발진할 수 있는 구조로 한다는 점입니다.

 ## 반도체 레이저와 발광다이오드는 형제

반도체 레이저의 구조를 보면 반도체 소자는 발광다이오드와 완전히 같은 재료를 사용하고 있는 것을 알 수 있습니다. 발광다이오드가 만들어진 해인 1962년에 반도체 레이저 발진(發振)에 성공했습니다. 레이저 발진에 성공한 것은 가시광의 발광다이오드를 발명한 홀로냑을 포함한 4 연구기관이었습니다.

반도체 레이저는 발광다이오드와 달리 보통의 온도 환경에서는 발진되지 않고, 소자를 77K(약 -200℃, 액체 질소 냉각)의 저온에 식혀야 했습니다. 또, 당시의 반도체 레이저는 연속으로 발진할 수도 없는 단발(單發) 펄스

발진이었습니다. 연속으로 하지 않고 간격을 두고 발진했던 것입니다. 발진이 성공한 당시의 반도체 레이저의 조성은 비화갈륨(GaAs)을 이용한 호모접합이었습니다. 이는 발광다이오드와 마찬가지입니다.

반도체 레이저는 그것을 바르게 동작시키는 경우에 열잡음을 얼마나 억제할 수 있을지가 숙명적 과제였습니다. 열에 의해 전자(電子)가 생각하는 데로 움직이지 않기 때문에 열잡음을 억제하기 위해 소자를 식힐 필요가 있었습니다. 또, 연속으로 발진시키면 당연히 소자의 온도가 상승하므로 이런 열 대책도 필요했습니다. 상온에서 발진시키기 위해서는 열잡음에 관계가 없을 정도의 에너지갭을 얻을 수 있는 반도체 재료를 사용해야 하고, 그 소재를 개발하기를 기다리고 있었던 것입니다.

반도체 소자는 같고, 차이는 구조에 있다

반도체 레이저의 반도체 재료는 발광다이오드와 마찬가지이고, 발광 파장도 적외 발진에서 적색역, 청색역으로 개발이 진행되었습니다. 발광다이오드와 달리 반도체 레이저에서는 레이저 발진을 하기 위해 발광면의 양단을 「벽개」(결정면에 따라 결정을 쪼개 경면(鏡面)을 만듦) 처리하여, 발진조건을 만족시키고 있습니다. 또, 빛의 증폭을 담당하는 반도체 결정의 중심부(활성층)는 빛이 전반사하여 바깥으로 새지 않는 마치 광섬유와 같이 활성층과 클래드층의 쌍방에 대해서 굴절률이 다른 구조로 되어 있습니다. 이 전반사 구조(빛을 가둠)에, 더블 헤테로 구조는 정말로 적용하기 좋은 것이었습니다. 발진 캐비티 구조 이외에는 발진 파장도, 취급도 발광다이오드와 거의 같고, 발광다이오드의 장점을 이어받고 있습니다.

1-5 반도체 레이저와 발광다이오드의 차이

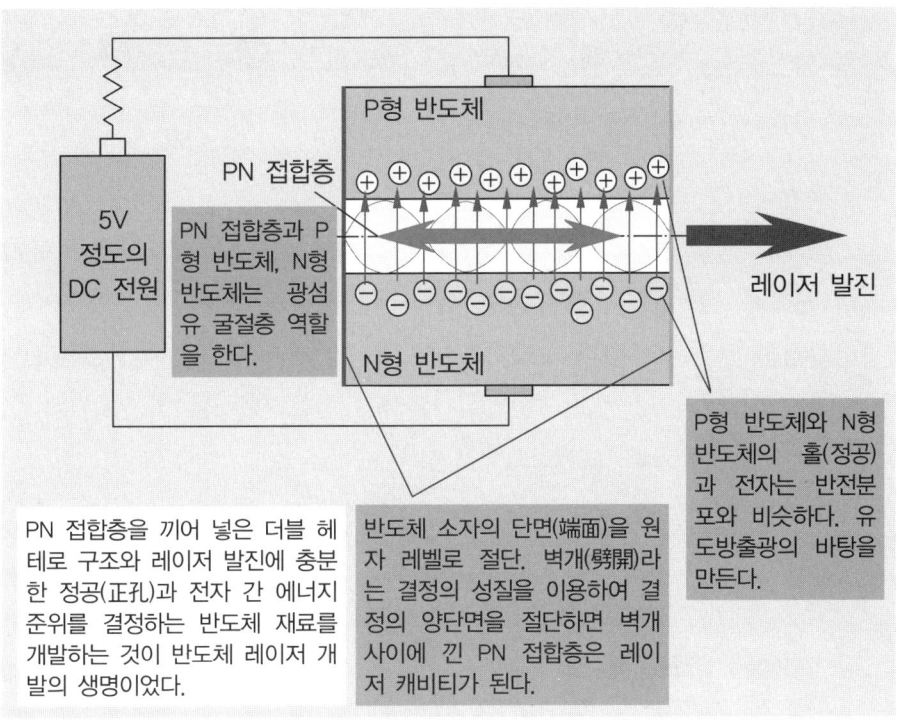

○ 그림 1.5.1 반도체 레이저의 발진 원리

반도체 레이저는 구조상 레이저 발진을 담당하는 캐비티(빛의 공진을 일으키는 매질(媒質))를 길게 얻을 수 없기 때문에 발진한 빛은 평행하게 진행되지 않고, 20°~40°의 범위로 넓어집니다. 또, 반도체 레이저광의 확대는 보통은 타원형이고, 수평각 8°, 수직각 30°로 확대되고 있습니다. 레이저의 발진영역(출력창)은 2~10 μm 로 작기 때문에 점광원으로 간주할 수 있고, 콜리메이터 렌즈를 삽입하면 평행빔을 얻을 수 있습니다. 콜리메이터 렌즈는 점광원에서 나온 빛을 평행광으로 만들거나 다시 집광시키기 위한 렌즈로, 여러 개의 볼록렌즈로 구성되는 것입니다. 레이저포인터는 반도체 레이저에 콜리메이터 렌즈를 조합시킨 것으로 3m 정도의 위치를 가리키는데 좋게 되어 있습니다.

1-6 LED 밝기의 단위

 발광다이오드의 밝기를 나타낼 때, 어떤 방법이 있을까요? 발광다이오드의 카탈로그를 보면 대부분은 칸델라라는 단위를 사용하고 있습니다. 단, 칸델라의 단위는 발광다이오드의 세계에서는 너무 큰 수치이므로 1/1,000로 단위를 내린 밀리칸델라[mcd]를 사용하고 있습니다. 또 한 가지 밝기를 나타내는 방법이 와트[W]입니다. 이 표시 방법은 LED 전구와 휴대용 라이트, 대출력 LED에 사용되고 있습니다. 이 둘은 어떤 차이가 있는 것일까요?

칸델라, 밀리칸델라

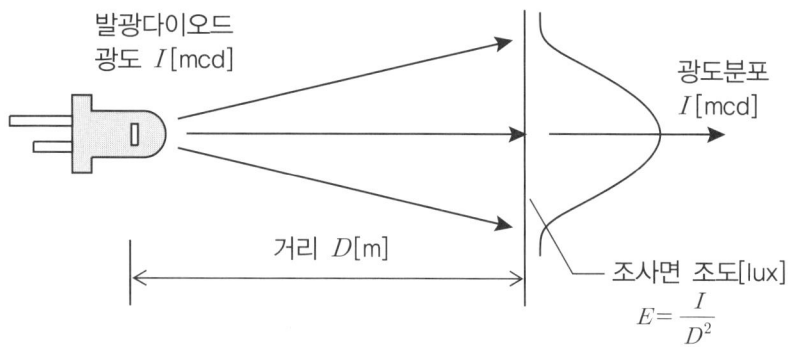

○ 그림 1.6.1 광도에 대해서

 적색 발광다이오드가 나왔을 때의 밝기를 나타내는 단위는 광도(칸델라: cd)로 표기하였습니다. 칸델라라는 것은 2-2절에도 자세하게 설명되어 있지만 빛의 근본 단위로, 조도[럭스: lux]도, 광속[루멘: lumen]도 이 단위에서 파생되었습니다. 광도의 가장 간단한 개념은 어느 광도를 가진 광원을 1m 떨어진 거리에서 조도를 측정하여 그것이 1lux일 때 광원의 광도는 1cd 이라는 것입니다. 본래에는 광도 1cd를 가진 광원은 1m의 거리에서의 조도는 1lux가 되는 것이 맞지만, 1cd라는 단위를 잘 모르기 때문에 감각적으로 잘 알고 있는 1lux에서 1cd를 설명한 것이라 할 수 있습니다.

1cd의 밝기는 실제로 그 정도로 밝지 않다는 것을 위의 설명으로 이해할 수 있을 것입니다. 1cd의 광원을 1m 떨어져 조사하더라도 1lux 밖에 되지 않습니다. 보통 사무실 책상의 조도는 500lux 정도이므로 이 광원으로 책상을 비추고 있는 지도 알 수 없습니다. 이 광원을 10cm까지 책상에 가까이 하면, 거리의 제곱에 비례하여 조도가 증가하므로 100lux가 됩니다. 2cm까지 가까이 하면 2,500lux가 되므로 밝게 비추고 있는 것을 확인할 수 있습니다.

1970년대의 발광다이오드는 그다지 밝은 것이 없고, 밝기의 표기도 100mcd 정도인 것이었습니다. 1980년대에 들어서 1,000mcd(=1cd)를 넘는 고휘도 발광다이오드가 등장했습니다.

 와트

발광다이오드의 밝기 표기의 한 가지로 와트[W] 표시가 있습니다. 이 표기는 주로 LED 전구와 파워 LED에 사용되고 있습니다. 이 표기는 발광다이오드가 소비하는 전력의 표기이고, 와트 표시 자체는 빛의 단위는 아닙니다. 빛의 단위는 와트 표기로 정의되는 경우는 있습니다만(2-2절 참조), 발광다이오드에서 사용되고 있는 와트 표기는 광출력이 아닌 어디까지나

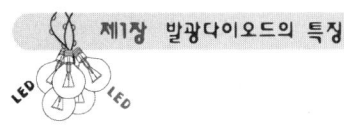

제1장 발광다이오드의 특징

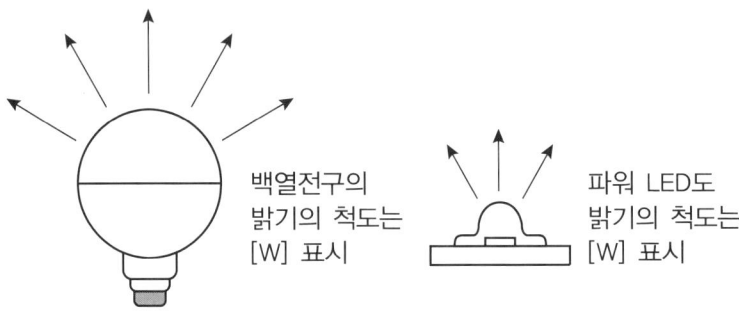

◎ 그림 1.6.2 와트 표시의 광원

소비되는 전력을 나타내고 있습니다. 파워 LED의 경우, 소비전력 쪽에 관심이 높아 소비전력으로 빛의 파워를 추측하고 있습니다. 이는 예를 들면 LED 전구의 경우에 7W 전구라든지 9W 전구라고 표현하고, 기존의 백열전구의 40W와 60W에 상당한다는 밝기의 환산의 표준입니다. 파워 LED라도 1W의 LED라든지 3W의 LED라고 표현합니다.

발광다이오드의 경우 전기 에너지의 15~35% 정도가 빛으로 바뀝니다. 이는 바꿔 말하면 입력 에너지의 65~85%는 빛이 되지 않고 열로 바뀌는 것이 됩니다. 따라서 3W의 파워 LED는 0.9W 정도의 광출력이 가능합니다.

루멘

발광다이오드에서 사용되는 빛의 표기로 루멘[lumen]이 있습니다. 루멘은 광속(光束)의 단위입니다. 이 단위는 방사된 빛을 다발이라는 개념으로 여겨, 광원이 얼마만큼의 빛의 다발을 방출하고 있는 지를 보는 것입니다. 빛의 다발이 많으면 그 만큼 많은 빛을 내고 있다는 것입니다. 단위면적[m^2]당 조사되는 광속으로 조도를 구할 수 있습니다. 그림 1.6.3은 조도(E)와 광속(F),

1-6 LED 밝기의 단위

조사면적(S)의 관계를 나타내고,

$$E = \frac{F}{S}$$

라 정의하고 있습니다.

조도의 단위는 lux 또는 lumen/m^{2}라 정의합니다. 광속의 자세한 내용은 2-2절에서 설명합니다.

광원인 루멘 표기는 형광등과 수은등, 백열전구 등에서 발광효율[lm/W]을 논의할 때에 사용되어, 환산하기 쉬워 발광다이오드에도 사용하게 되었습니다. 발광 효율이란 1W당 전기입력에 대해 얼마만큼의 광속을 방사하는지를 알아보는 단위입니다. 발광다이오드는 약 30~100lm/W이고, 형광등의 40~110lm/W로 거의 같습니다. 백열전구의 10~20lm/W와 비교하면 3배에서 5배의 효율을 가지고 있다는 것을 알 수 있습니다.

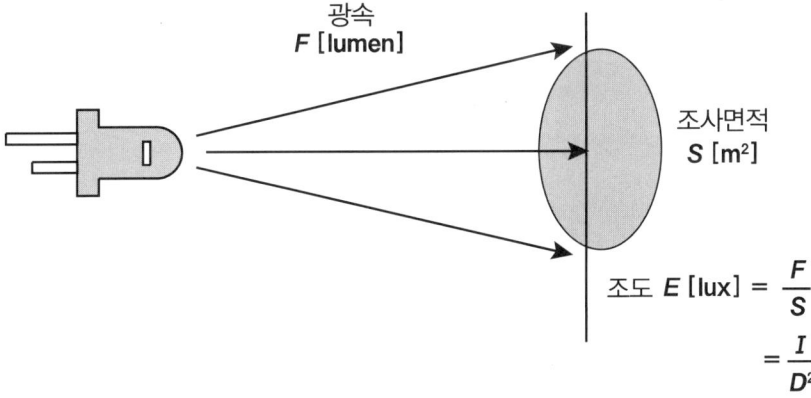

● 그림 1.6.3 광속에 대해서

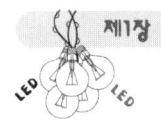
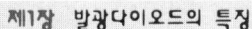

칸델라, 와트, 루멘의 관계

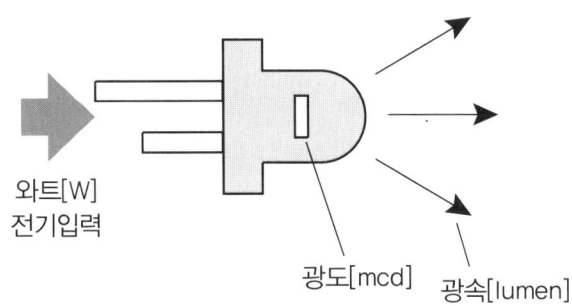

◐ 그림 1.6.4 빛의 단위 사이의 관계

발광다이오드에서 사용된 빛의 단위는 본 절에서 설명하고 있는 칸델라와 와트, 그리고 루멘 세 가지입니다. 이 세 가지의 상호관계를 보면 그림 1.6.4와 같이 됩니다. 발광다이오드에 들어가는 전력 [W]로 표현하는 경우, 소자가 빛나고 있는 밝기(광도)로 표기하는 경우, 그것에 방사된 빛의 전부(광속)로 표현하는 경우 이렇게 세 가지가 됩니다.

와트 표기는 소비하는 전력에 관심을 기울이는 경우에, 광도 표기는 점광원으로 사용하는 경우에, 광속 표기는 조명기구로써 검토하는 경우에, 각각 다른 광원과 비교할 때 사용됩니다.

1-7 청색 발광다이오드 개발의 역사

청색 발광다이오드 개발에 집착(그 장점)

　　청색 발광다이오드는 발광다이오드가 발명되었을 때부터 손꼽아 기다려 졌던 것이었습니다. 발광다이오드는 단색 발광밖에 되지 않기 때문에 컬러 발색을 하려하면 어떻게 해서라도 삼원색의 발광다이오드가 필요해지기 때문입니다. 그런 이유로 청색 발광다이오드의 출현을 바라고 있었던 것입니다. 하지만 현실적으로 그 개발은 불가능에 가깝다고 했습니다. 청색 발광다이오드는 에너지갭이 크고, 그것을 만족시키는 반도체의 개발과 실용화하기가 어려웠던 것입니다. 청색 발광의 실용화는 거의 불가능하다고도 했습니다. 그것이 일본의 기술자에 의해 개발되었던 것입니다. 청색 발광다이오드의 완성으로 발광다이오드의 수요는 단숨에 급증하였습니다.

　　청색 발광다이오드는 나고야 대학 명예교수(현, 메이죠 대학 교수) 아카사키 이사무(赤碕勇) 교수(1929~)에 의한 지도와 도요타 중앙 연구소, 과학진흥재단기구의 원조로, 1986년에 주식회사 토요다 합성이 청색 발광다이오드를 실용화하는데 성공하고, 2000년 이후, 고휘도인 청색 발광다이오드, 백색 발광다이오드를 시판하게 되었습니다.

　　청색 발광다이오드는 제조하기가 어려워 질화갈륨(GaN)을 사용한 다이오드는 금세기 중에는 무리라고 여기고 있었습니다. 아카사키 이사무 교수는 나고야 대학 공학부에 교수로 부임하기 전부터 마츠시타 기술연구소 시절부터 청색 발광다이오드의 연구를 계속했고, MIS(Metal Insulator Semiconductor) 구조에서의 질화갈륨에 의한 청색 발광에도 성공했습니다.

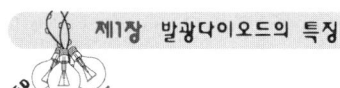

청색 발광다이오드 개발의 돌파구

청색 발광다이오드 개발의 문제는 다이오드 구조에 있었다고 할 수 있습니다. 반도체 구조를 MIS 구조가 아닌 PN 접합으로 한 청색 발광다이오드 개발을 바라고 있던 것입니다.

MIS 구조라는 것은 최근 주목을 받고 있는 MOS(모스: Metal Oxiside Semiconductor)라는 반도체와 같은 구조의 금속 산화막을 이용한 반도체로, 금속 → 절연물(산화막의 경우가 대부분) → P형(또는 N형) 반도체라는 구조로 되어 있습니다.

PN 접합과 같이 P형과 N형을 동시에 생성할 필요가 없으므로 제조하기 쉬운 반면, 발광다이오드로써의 응용 범위(예를 들면 반도체 레이저로의 진전 등)가 한정된다는 문제가 있었습니다. 따라서 청색 발광다이오드의 연구자들은 반도체 레이저로 전용이 가능한 PN 접합을 가진 반도체 소자의 개발에 온 힘을 기울여 대처하게 되었습니다. 다이오드는 PN 접합형이 아니면 가치가 반감됩니다.

반도체 레이저로 전용한 것이 효과가 있고 질화갈륨(GaN)을 사용한 PN 접합형 청색 발광다이오드를 제조하는 데는 격자정수라는 결정간의 거리가 다른 재료와 다르기 때문에 사파이어 등의 기판 위에 결정을 성장시키는 제조 프로세스가 힘들 것이라고 생각하고 있었습니다. 사파이어 기판에 질화갈륨 결정이 달라붙지 않는 것입니다. 아카사키 이사무 교수는 이 문제에 대해 양자 간에 완충(버퍼)층을 만들면 가능해져, 그것을 해결하기 위해 꾸준한 연구를 거듭하여 실용화에 이르게 되었습니다(그림 1.7.1).

1-7 청색 발광다이오드 개발의 역사

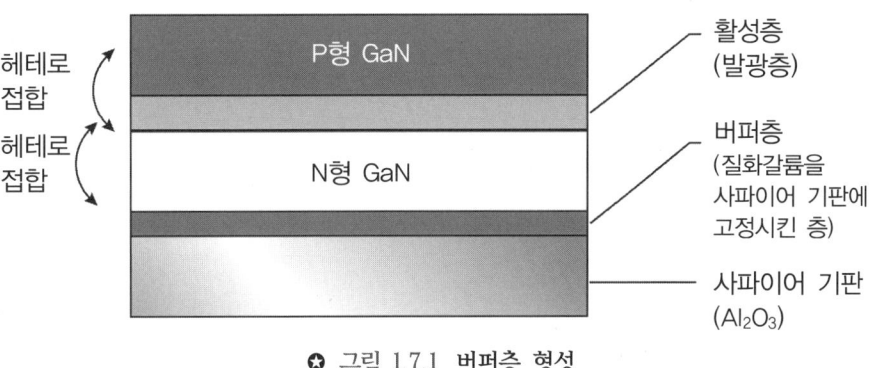

● 그림 1.7.1 버퍼층 형성

 백색 발광다이오드로의 광명

　백색 발광다이오드는 청색 발광다이오드가 기본으로 되어 있습니다. 언뜻 백색이라고 하면 삼원색으로 만들 수 있기 때문에 적색, 녹색, 청색의 세 가지 발광다이오드를 이용하여 백색을 만들고 있다고 생각하기 쉽지만(실제 한 가지 패키지에 세 가지의 다이오드를 내장한 것이 있었음), 현재의 백색 발광다이오드는 청색 다이오드의 발광면에 황색 형광재를 도포하여 청색과 청색광 여기(勵起)와 황색 발광의 혼합에 따른 백색으로 하고 있습니다(그림 1.7.2 참조).

　이러는 편이 구조가 간단하고(따라서 저렴하고) 또, 고휘도인 것이 만들어집니다. 휘도가 높은 청색 발광다이오드가 만들어짐에 따라 필연적으로 휘도가 높은 백색 발광다이오드가 만들어지게 되었습니다. 백색 LED는, 물론 원래의 청색 LED보다 밝게 할 수는 없습니다.

제1장 발광다이오드의 특징

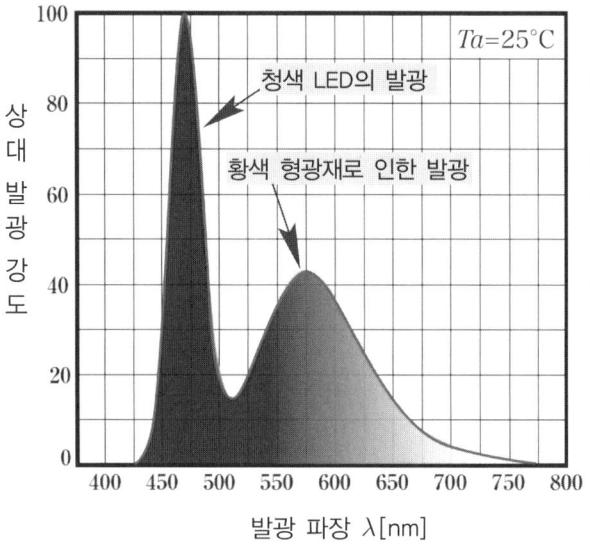

○ 그림 1.7.2 대표적인 백색 LED의 발광 파장 특성

1-8 발광다이오드 제품의 실제

발광 파장별 LED 분류

● 표 1.8.1 발광다이오드의 발광 재료와 발광색

칩 재료		발광색	피크 발광 파장 (nm)	외부 발광 효율 [%]	광도 [mcd]	구동 전류 [mA]	구동 전압 [V]
발광층	기판						
GaP (Zn, O)	GaP	적	700	~4	40	5	2
$Ga_{0.65}Al_{0.35}As$ (DDH)	GaAlAs	적	660	~15	5,000	20	1.9
$Ga_{0.65}Al_{0.35}As$ (DH)	GaAs	적	660	~7	2,500	20	1.9
$Ga_{0.65}Al_{0.35}As$ (SH)	GaAs	적	660	~3	1,200	20	1.8
$GaAs_{0.35}P_{0.65}$	GaP	적	635	0.6	600	20	2
$GaAs_{0.15}P_{0.85}$	GaP	황	585	0.2	600	20	2
$(Al_{0.05}Ga_{0.95})_{0.5}In_{0.5}P$	GaAs	적	647	~3	6,000	20	2.1
$(Al_{0.20}Ga_{0.80})_{0.5}In_{0.5}P$	GaAs	오렌지	609	~2.5	10,000	20	2.1
$(Al_{0.30}Ga_{0.70})_{0.5}In_{0.5}P$	GaAs	황	591	~2	8,000	20	2.1
$(Al_{0.45}Ga_{0.55})_{0.5}In_{0.5}P$	GaAs	녹	560	~0.2	1,000	20	2.1
GaP (N)	GaP	녹	565	~0.2	1,000	20	2
$In_{0.45}Ga_{0.55}N$	사파이어	녹	520	~3	10,000	20	3.5
$In_{0.2}Ga_{0.8}N$	사파이어	청	465	~4	3,000	20	3.6
GaN	사파이어	자외	363		−	100	3.6

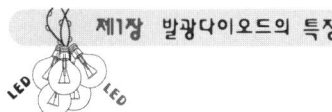

발광다이오드를 발광색 파장별로 보면 우선, 최초로 적외 발광인 것이 개발되어, 그 후 청색 발광까지 늘어났습니다. 표 1.8.1은 발광다이오드의 발광색과 발광층, 피크 발광 파장, 광도, 구동전압을 나타낸 일람표입니다. 현재, 밝기 중에서는 적색 발광다이오드가 가장 밝고 효율도 가장 뛰어납니다. 발광색이 적색에서 청색이 됨에 따라 구동전압이 상승하는 것을 확인할 수 있습니다. 이는 짧은 파장을 내는 데는 에너지갭이 높은 발광층을 사용해야 하기 때문입니다.

 ## 출력별 LED 분류

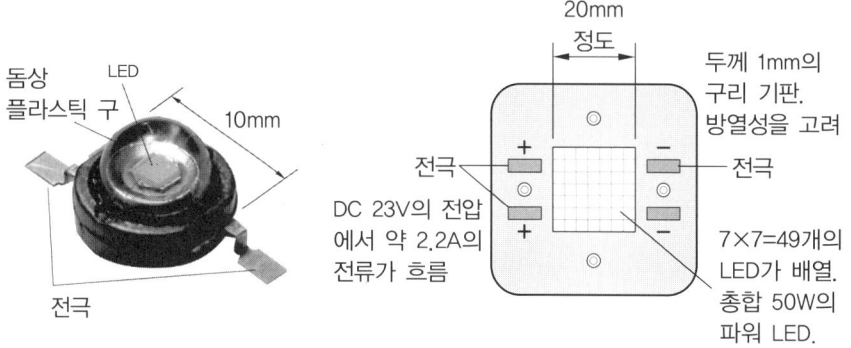

✪ 그림 1.8.1 3W Luseon LXHL
사진 : 비즈니스와이어

✪ 그림 1.8.2 50W 파워 LED의 구조

발광다이오드는 발광색 외에 사용 목적별로 출력이 작은 것부터 큰 것까지 수 종류가 시판되어 있습니다. 일반적인 발광다이오드는 적색 발광으로는 2V의 구동전압에서 20mA의 구동전류를 흐르게 하므로 40mW의 전력을 소비합니다. 이런 발광다이오드는 발광 소자의 크기가 한변이 0.5mm 정도의 것입니다만 이를 직접 눈으로 보면 현혹될 정도의 밝기를 가지고 있습니다.

표시 목적으로 사용한다면 구동전류를 1/10 정도의 2mA로 하더라도 충분한 시인성(視認性)을 유지할 수 있습니다.

출력이 큰 것이 되면 발광 소자가 커집니다. 그림 1.8.1에 나타낸 3W의 발광다이오드는 발광 소자의 크기가 10mm×10mm 정도인 것을 가지고 있습니다. 한 개의 소자로 대출력인 것을 만드는 것은 이 정도가 한계라고 여겨집니다. 그 큰 이유는 면적이 큰 반도체 소자를 만들기가 어렵고 비싸지기 때문입니다. 이 때문에 대출력 LED는 몇 개의 소자를 그림 1.8.2와 같이 순서대로 배열한 것이 됩니다. 그림 1.8.2에 나타낸 50W 출력의 LED는 20mm×20mm의 발광 소자 면적을 가지고 있습니다만 실제로는 이 속에 7×7=49개의 LED가 배열되어 있어 한 개당 1W의 LED가 부착되어 있습니다. 이 LED는 7개의 LED가 직렬로 배열되고, 그것이 7단에 걸쳐 병렬로 접속되어 있기 때문에 이 배열상 소자에 더해지는 전압은 DC 23V가 필요하고, 구동전류도 2.2A를 필요로 합니다.

대출력 LED의 문제점은 발열입니다. LED를 근접시켜 배치하고 있기 때문에 상당한 열이 발생합니다. 방열을 제대로 하지 않으면 LED를 손상시켜 정격수명을 만족시킬 수 없게 됩니다. 제대로 방열 처리를 하더라도 이들 대출력 LED의 수명은 일반적인 LED에 비해 1/50~1/15로 짧고, 1,000~3,000시간입니다.

형상별 LED 분류

발광다이오드는 사용하는 목적에 맞게 여러 형상의 제품이 개발되어 왔습니다(그림 1.8.3 참조). 발광다이오드의 대표적인 것은 플라스틱 수지로 충진된 권총의 탄알 형상을 한 것입니다. 이 타입은 ϕ5mm의 것과 ϕ3mm인

두 종류가 있습니다. 발광다이오드는 작은 소자표면에서의 발광이기 때문에 렌즈 기능을 가질 필요가 있고, 이런 타입의 것이 보급되었습니다.

그 후, 발광다이오드는 소형화와 대출력화 이 두 가지 요구에 대응하게 됩니다. 소형화는 전자기기의 프린트 기판에 부착하는 타입이 증가하고, 기판실장타입인 것이 개발되었습니다. 또, 광원으로써의 사용을 목적으로 점광원형인 발광다이오드와 넓은 발광 면적을 가진 대출력인 것이 개발되었습니다.

일반적인 포탄형 LED

Lumileds /
Luxeon LXHL-MD1D

니치아 화학공업/
NS6W183

Cree/ Cree_MP-L

니치아 화학공업/
NGPWR70ASS

Cree/Cree_XR-E7090

◎ 그림 1.8.3 여러 형상의 발광다이오드

CHAPTER 02

빛에 대한 기초 지식

본 장에서는 빛나는 것에 초점을 맞춰 설명합니다.
빛나는 것의 본래의 의미를 알아가는 것이 이 장의 목적입니다.
빛나기 위해서는 어떤 메커니즘을 거쳐야 하는지
그 메커니즘을 배우면서 발광다이오드의 특성을 이해하는 것입니다.

2-1 빛난다는 게 어떤 것일까?

발광의 본질적인 것 - 빛과 전자

CHAPTER 02

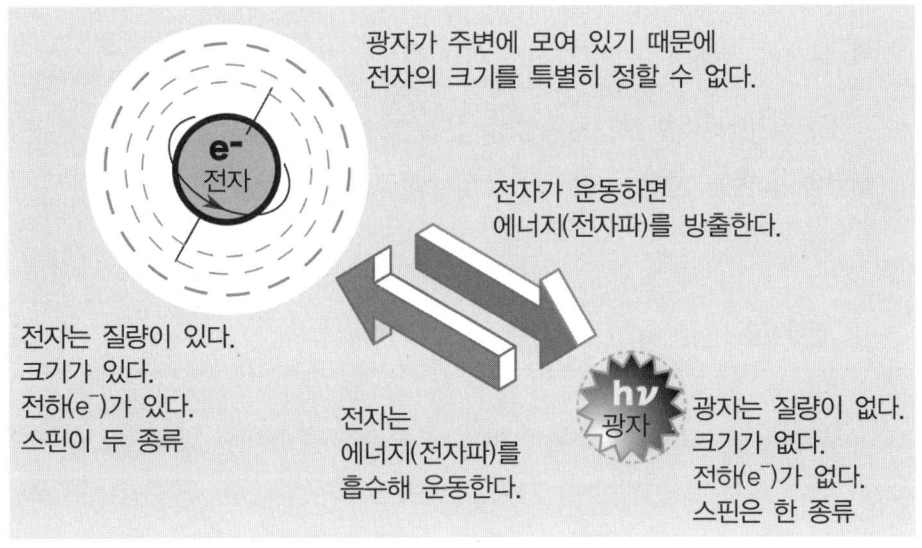

○ 그림 2.1.1 빛과 전자의 관계

빛과 전자의 관계를 알게 된 것은 20세기 초였습니다. 현재에도 대부분의 사람들은 빛과 전자 사이에는 직접적인 관계가 없는 전혀 다른 것이라는 이미지가 강합니다. 사람들은 전기는 두려워하지만 빛에 관해서는 너그럽습니다. 하지만 사실 이렇게 다른 성질을 가진 이 둘은 꽤 깊은 관계라는 것을 알게 되었습니다. 성질이 전혀 다른 둘은 실은 사이가 좋습니다.

빛과 전기, 아니 전자(電子)는 사실은 밀접한 관계로 원자 레벨에서는

제2장 빛에 대한 기초 지식

전자와 빛은 끊임없이 에너지를 주고받고 있습니다. 전자가 방출하는 에너지는 빛을 포함한 전자파이고, 전자파에서 나온 에너지를 받아 전자는 운동을 합니다.

열도 적외선 영역의 전자파입니다. 물질은 열에 따라 분자 레벨에서 운동이 활발해지고 고체에서 액체, 기체로 변합니다. 분자가 활발하게 운동하는 와중에, 분자 스스로도 열을 발생시킵니다. 금속은 고체에서 액체로 변하면 대량의 열과 함께 빛도 방출합니다. 이들은 모두 분자나 원자의 운동과 함께 전자가 방출하는 전자파인 것입니다.

결론을 말하자면 전자는 항상 빛을 포함한 전자파를 받아들여 운동하고, 끊임없이 빛을 포함한 전자파를 방출하고 있는 것입니다.

전자파

모든 물질은 분자의 운동에 따라 전자파를 방출하고 있습니다. 그것은 많든 적든 모든 물질이 가지고 있는 공통의 속성입니다. 튼튼한 구조로 알려진 금속도, 온도에 의존하여 분자가 운동하고 있습니다. 온도가 높아지면 분자의 운동이 활발해져 가만히 있지 못하게 됩니다. 이것이 고체에서 액체로의 변이입니다. 게다가 온도가 상승하면 분자는 독립적 운동을 시작하게 됩니다. 액체에서 기체가 되는 현상입니다.

분자의 운동이 활발해짐에 따라 운동 분자에서는 높은 양자 에너지를 가진 전자파가 방출되어, 방출된 에너지가 적외에서 청색으로 이동합니다. 가시광은 고온물체(발열체)에서 두드러지게 나타나는 전자파라는 것을 알 수 있습니다.

2-1 빛난다는 게 어떤 것일까?

빛은 에너지

빛은 전자파의 일종이고 에너지이기도 합니다. 에너지의 덩어리인 빛은 전자를 통해 지탱됩니다.

빛에너지에 대해서는 독일의 물리학자 플랑크(Max Karl Ernst Ludwig Planck: 1858~1947)가 중요한 업적을 남겼습니다. 그는 '빛은 빛의 파장과 온도에 따라 에너지양을 구할 수 있다.'는 법칙을 발견하여 함수식을 이끌어 냈습니다. 이것이 플랑크의 방사법칙이라 불리는 것으로, 그 식은 그림 2.1.2와 같습니다. 이 식의 대단한 점은 온도를 일정하게 하면 빛에너지는 파장의 함수가 되고, 파장 전역에 걸쳐 이 식을 적분하면 빛의 에너지를 구할 수 있는 것입니다(권말 자료 참조).

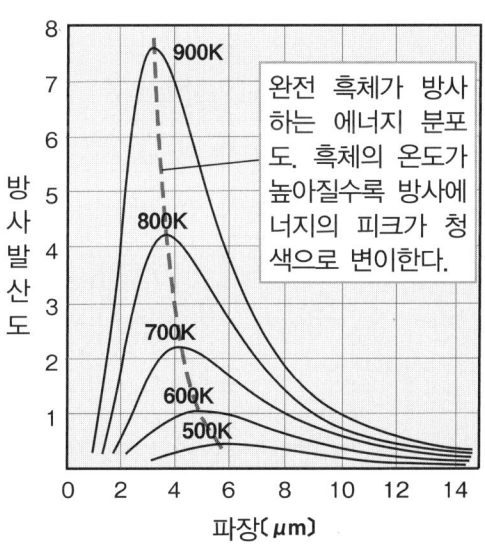

○ 그림 2.1.2 플랑크의 방사법칙 그래프

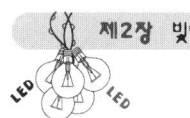

제2장 빛에 대한 기초 지식

1900년 플랑크가 이 방사법칙을 이끌어 낸 시대적 배경에는 열역학의 급속한 진전이 있었습니다. 이 법칙이 열역학뿐만 아니라 빛의 분야에까지 사용되게 되었습니다. 플랑크가 이런 열역학을 통일적으로 생각하게 된 것은 당시 독일의 철 생산에 따른 온도와 열에 관한 과학적인 탐구가 있었기 때문이라고 합니다. 1870년이 되자 유럽의 산업혁명 폭풍이 후진국 독일로 옮겨집니다. 프로이센을 중심으로 국가를 통일하여, 강한 프랑스군에게 이긴 독일은 국가 정책에 의해 철과 석탄에 따른 중공업 정책을 내세워 기계화와 군국주의를 진행시켰습니다.

이런 배경 속에서 독일에서는 철강로의 고온 측정 기술이 발달하여, 고온 물체가 발하는 빛을 정확하게 측정하는 기술이 발달합니다. 고온물체의 연구에서는 키르히호프(Gustav Robert Kirchhoff: 1824~1887)가 발광 스펙트럼을 연구하고, 빈(Whilhelm W.O. Franz Wien: 1864~1928, 1911년 노벨 물리학상 수상)이 열역학을 열복사에 적용하여 양질의 이론을 만들고, 최종적으로 플랑크가 적외선 영역으로까지 이론을 진전시켜 양자역학으로까지 발전시켰습니다. 그 종합 체계가 방금 설명한 플랑크의 방사법칙인 것입니다.

플랑크의 방사법칙에 따르면 방사 에너지는 파장과 온도에 의존하는 것을 알 수 있고, 온도가 높아질수록 방사 에너지의 피크는 단파장 쪽으로 이동하고, 고온물체에서는 가시광 영역에 많은 에너지 방사를 하고 있는 것을 인정하게 되었습니다. 태양광과 텅스텐 램프, 촛불의 불꽃, 녹은 철 등은 이 관계를 잘 나타내고 있습니다.

플랑크가 활약한 시대 이전에도 철 생산에 있어서 철을 녹인 색과 온도에는 정확한 인과관계가 있다는 것을 알고 있었습니다. 즉, 철을 달구는 과정에서 철은 처음에 희미하게 빨갛게 빛나고, 온도의 상승과 함께 황색을 띠고, 마지막으로는 하얗게 빛나는 현상입니다. 철을 만드는 사람들은 철이

2-1 빛난다는 게 어떤 것일까?

녹은 색을 보고 온도를 알았던 것입니다. 이 철의 온도와 발열한 색을 이론적으로 밝혀낸 것이 독일의 물리학자들이고, 플랑크는 그것을 집대성한 것입니다.

발광의 종류

빛을 방출하는 메커니즘에는 다음의 5가지를 들 수 있습니다.

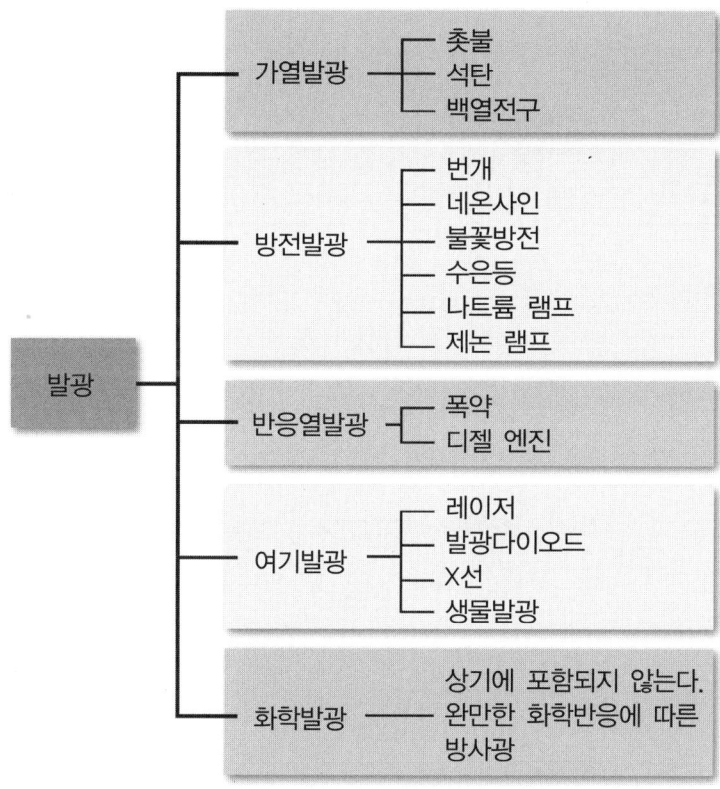

○ 그림 2.1.3 발광 메커니즘의 종류

제2장 빛에 대한 기초 지식

(1) 가열발광

나무를 태우거나 촛불에 불을 붙이거나 할 때에 열과 함께 발광한다는 것은 잘 알고 있는 부분입니다. 백열전구도, 전기의 줄열(Joule熱)을 이용하여 발열체를 가열시켜 발광 성분을 빛으로 사용하고 있습니다. 가열발광은 분자의 열운동으로 생기는 것으로, 앞에서 설명한 플랑크의 방사법칙으로 설명되는 것입니다.

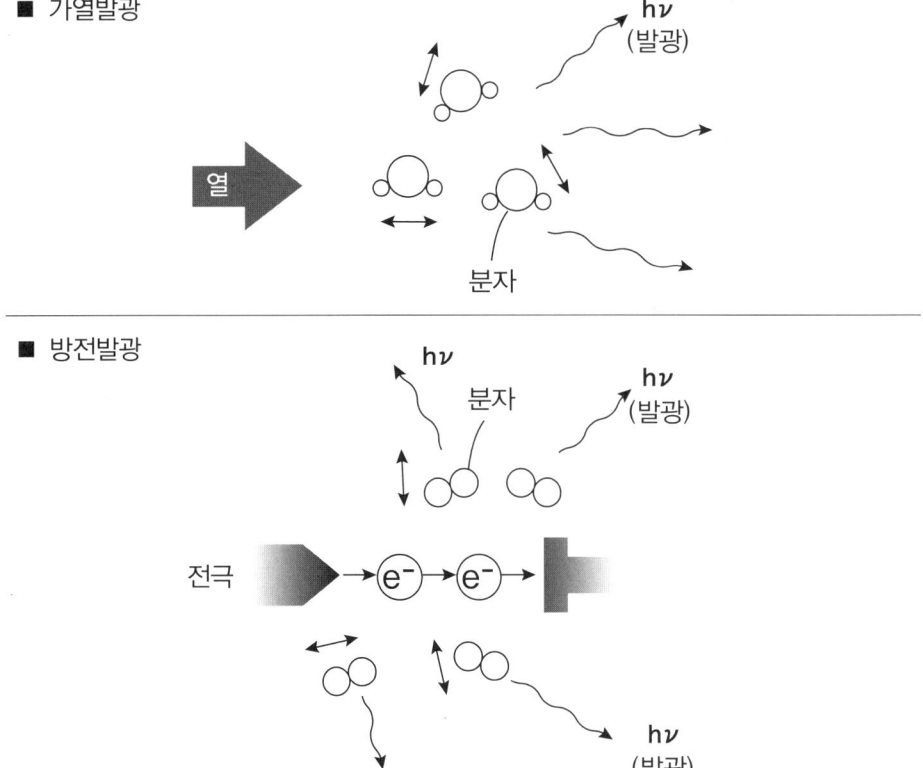

○ 그림 2.1.4 가열발광과 방전발광

(2) 방전발광

전기가 기체 속에서 방전을 일으킬 때, 기체는 플라스마 상태가 되어, 그에 따라 발광이 촉진됩니다. 번개와 불꽃방전을 예로 들 수 있습니다. 대기방전은 질소 분자에 따른 여기방전이라 불립니다. 저기압 네온가스 속에서 방전을 일으키면 네온이 가진 독특한 발광이 일어납니다. 네온사인은 이런 현상을 이용한 것입니다. 수은 가스 속에서의 방전에서는 청색과 자외광이 방사됩니다. 제논 가스에서는 태양광에 가까운 백열발광이 일어납니다.

(3) 반응열발광

폭발과 같이 급격한 열 반응에 대해서도 발광을 동반합니다. 폭약과 가솔린, 디젤 엔진 연소는 좋은 예입니다. 일반적으로 반응이 급속한 경우, 강력한 열과 빛을 동반합니다. 반응이 가장 강한 경우에는 X선마저 방출하고, 원자를 파괴할 정도의 반응인 경우에는 중성자 등의 방사선도 방출합니다.

(4) 여기발광

분자와 원자가 외부에서 에너지(대부분은 전자 에너지)를 받아 에너지 준위가 상승(여기됨)하면, 원래의 준위로 되돌아갈 때에(기저상태가 될 때) 특정한 빛이 방출됩니다. 발광다이오드와 레이저는 이 원리에 의한 발광입니다. 또, 벌레가 발하는 생물발광도, 자외선을 맞아 여기발광하는 곤충도 이 부류에 속합니다. 여기발광은 특이한 빛을 내기 때문에 단색 발광을 하는 경우가 많습니다.

(5) 화학발광

폭발발광과 달리 완만한 화학반응으로 발광하는 것입니다. 이 화학반응에

제2장 빛에 대한 기초 지식

서 그 빛은 미약한 경우가 많고, 사람의 눈으로는 확인할 수 없으므로 고감도 카메라와 고감도 광검출기로 검출합니다. 물질의 조성을 조사하는 기체 크로마토그래피(Gas Chromatography)에서는 물질이 내는 특이한 발광 스펙트럼에서 물질의 조성을 조사하는 방법도 개발하고 있습니다.

이상으로 설명한 발광 분류로, 모든 발광현상을 간단히 분류할 수는 없습니다. 발광 메커니즘은 상호 관련하여 복합적으로 일어나고 있으므로, 위에 서술한 요소가 어우러져 있습니다. 하지만 결국, 발광의 근본은 분자가 가진 전자가 외부로부터 에너지를 받고, 방출될 때 에너지의 형태가 빛이 된다는 점은 같습니다.

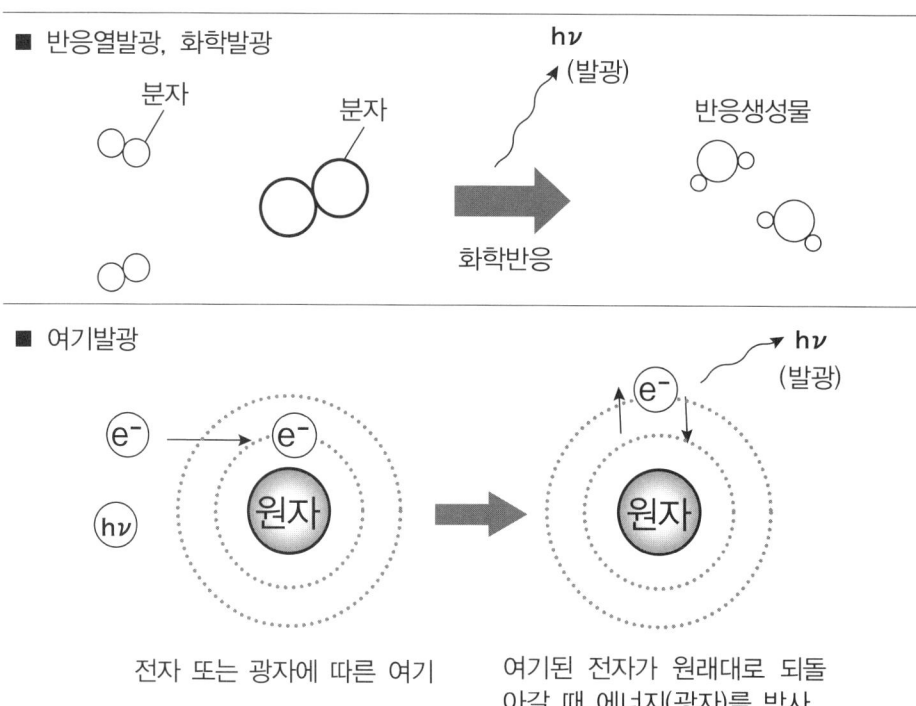

○ 그림 2.1.5 반응열발광, 화학발광과 여기발광

2-1 빛난다는 게 어떤 것일까?

 빛의 작용

빛은 어떤 작용을 할까요? 빛은 에너지이고, 물질을 구성하는 분자에 직접 작용합니다. 그 작용은 다음과 같습니다.

(1) 가열작용

빛을 집광시키면 물질을 따뜻하게 할 수 있습니다. 물질을 가열시키는 경우, 대부분은 열에너지를 사용하는 편이 효율이 좋기 때문에 단지 빛만으로 가열하는 경우는 없습니다. 하지만 빛도 가열작용이 있는 것은 사실입니다. 이 응용의 적절한 예는 레이저에 따른 고온 가공장치입니다. 레이저 메스 등도 이 부류에 속합니다. 빛을 열원으로 사용하는 경우, 금속 가공에서는 여분의 열이 가공물에 더해지지 않고 흡수가 좋은 빛만 집광하여 정밀도 높은 가공을 할 수 있습니다. 녹색의 레이저 빛으로 구리를 가공하거나 자외 레이저로 아라미드 섬유(나일론의 일종)를 가공하고 있습니다.

(2) 화학작용

빛에는 화학작용이 있습니다. 인쇄물 글씨의 색이 바래는 것은 도료(塗料)의 재질을 변화시켜 퇴색시키기 때문입니다. 염소와 수소를 혼합시킨 가스 속에 태양광을 비추면 폭발과 함께 반응이 일어나 염화수소가 만들어집니다. 이런 화학작용은 양자 에너지($h\nu$)가 높은 빛일수록 즉, 자외광일수록 강하게 작용합니다.

■ 가열작용

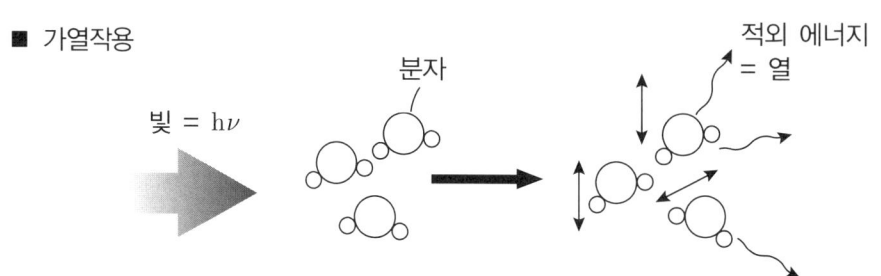

■ 화학작용

■ 빛   ■ 신호처리

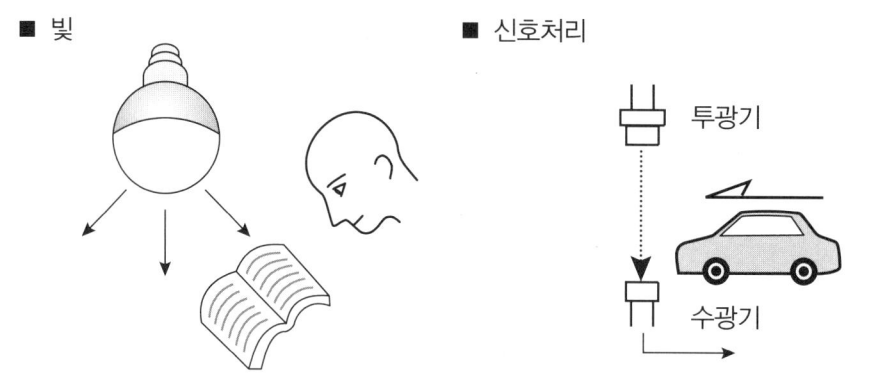

■ 데이터 통신

✪ 그림 2.1.6 빛의 여러 작용

(3) 빛

광에너지 중 가장 친숙한 것은 빛입니다. 인류는 빛을 자기 손으로 만들어 냄에 따라 어둠을 정복하며 활동 범위를 넓혀왔습니다. 전력사업도 빛을 공급하기 위해 대대적으로 시작한 큰 사업이었습니다. 빛의 종류도 백열전구에서 수은등, 지금 소개하고 있는 발광다이오드까지 시대의 요구에 따라 발전해왔습니다.

(4) 신호처리

광전관을 발명한 이래, 빛을 신호처리의 수단으로 사용하는 응용이 증가했습니다. 신호처리란 현재의 데이터 통신으로 대표되는 정보통신이나 센서에서 나오는 정보를 처리하는 것입니다. 전기신호는 모스신호로 시작하여 벨의 전화기, 무선통신 발명을 통해 컴퓨터의 발달과 더불어 전기신호를 고속으로 대량 처리하는 기술이 발달했습니다. 빛도 통신기술의 한 부분을 담당하고 있습니다.

1960대에 들어서 포토다이오드와 포토 디텍터가 시판되자 신호처리에 이를 사용한 센서의 응용기술이 발전했습니다. 빛은 지금까지 전자를 사용한 것에 비해 전자기 노이즈에 강하고, 반응이 빠르고, 비접촉으로 행할 수 있다는 이점이 있었습니다. 이 분야는 최근 발광다이오드의 성장과 반도체 레이저, 광섬유의 발전에 따라 응용 분야를 확대하고 있습니다.

(5) 데이터 통신

컴퓨터의 발달과 함께 데이터 통신이 급속하게 발달했습니다. 광섬유와 반도체 레이저 발달로 통신을 고속으로 또, 대량으로 보내는 것은 빛이라는 것이 증명되었습니다. 2010년에 있어서는 Ethernet(근거리통신망)이나, 케이블 TV를 비롯한 전국의 데이터 통신은 광통신으로 이루어져 있습니다. Ethernet에서도 가장 고속으로 통신할 수 있는 형태는 광섬유입니다. 전 세계를 망라한 해저 케이블도 광섬유를 사용한 통신이 주류입니다.

2-2 빛의 단위

빛의 단위는 무엇을 기준으로 하고 있는 것일까요? 킬로그램원기(原器)와 같이 절대적 기준이 있는 것일까요?

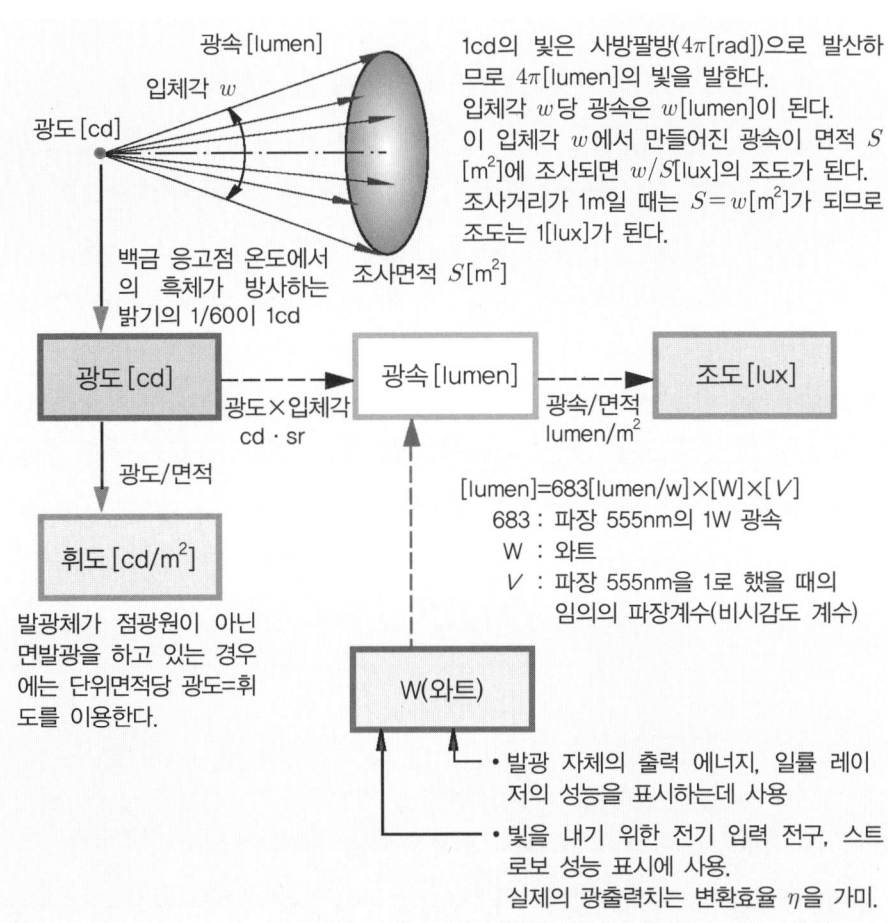

● 그림 2.2.1 빛의 단위 관계도

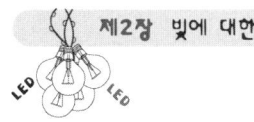

제2장 빛에 대한 기초 지식

광도, 칸델라 [cd]

빛의 단위의 근본은 칸델라(candela)라 불리는 광도로 시작합니다. 칸델라는 라틴어로 "밀랍으로 만든 초"라는 말에서 유래하였고, 영어로도 촛불을 candle이라 합니다.

빛의 밝기를 최초로 정의한 것은 1860년 영국에서입니다. 수도 런던에서 가스 조례를 만들었을 때에 '촉(燭): 영어로는 candle'이라는 빛의 단위가 사용된 것에서부터 시작합니다. 당시 런던에서는 대규모 가스등 사업을 시작하여 빛을 정량적으로 취급할 필요가 생겼습니다. 이 때 제정된 촉(캔들)의 단위가 국제촉(國際燭)이 되어 이후 그 밝기를 토대로 보다 과학적인 수법에 의한 [cd](칸델라)라는 수치를 생각해내어 1948년에 국제도량형총회(GCWM : General Conference on Weights and Measures)에서 결정되었습니다. 1cd는 어림잡아 말하자면 가정용 조명기구에 붙어 있는 꼬마전구(작은 백열전구)의 절반의 밝기입니다. 1cd의 빛을 1m 거리에서 조사하면 조도가 1lux가 되어, 매우 어둡습니다. 이 1cd의 빛을 올바르게 재현하기 위해 1967년의 제13회 국제도량형총회에서 다음과 같이 정의했습니다.

> "1기압(101,325 뉴턴/m^2) 하에서 완전 흑체를 가열하여 백금이 녹아내리는 온도(응고점 온도=2,042K)가 되었을 때, 1cm^2의 평평한 표면에서 방사되는 빛의 수직방향 밝기의 1/60."

이것은 조금 어려운 내용입니다. 중요한 부분이므로 조금 더 설명하겠습니다. 이는 플랑크가 주장한 이상적인 흑체의 발광온도로 빛을 정의하고 있는 점을 나타내고 있습니다. 즉, 백금이 녹아내리는 온도로 흑체를 가열하여, 거기에서 방사되는 발광의 1/60을 1cd라 한다는 것입니다. 이 정의를 토대로 각국은 텅스텐 필라멘트 전구를 사용하여 1cd인 표준전구를 만들었습니다. 이 표준전구를 토대로 하여 우리들이 사용하는 조도계와 휘도계의 검정과 교정이 이루어졌습니다.

그 후, 1cd의 정의는 62페이지에서 설명하는 것과 같이 1979년 제 16회 국제도량형총회에서 새롭게 정의되었습니다. 그것은 빛의 파장으로까지 언급하게 된 것입니다. 게다가 에너지의 단위인 와트[W]를 정의 속에 포함하였습니다.

광속, 루멘[lumen]

1cd의 밝기를 가진 빛이 공간에 방사될 때, 그 빛의 양을 나타내는데 광속(Luminous Flux, 단위는 lumen)이라는 단위를 사용합니다. '빛의 다발'이라 번역한 빛의 단위는 광원에서 방사되는 단위면적당 빛의 밀도를 나타냅니다. 논의 볏단을 상상하면 이해하기 쉬울 것이라 생각합니다만, 논에 얼마만큼 많은 볏단이 심어져 있는가로 밀도를 알 수 있습니다. 볏단을 빛의 다발이라 보고 판단한 것이 광속입니다. 빛의 다발이 많이 있으면 많은 빛이 나오기 때문에 밝아집니다. 빛의 다발의 밀도가 높으면 밝은 광원이 됩니다.

1lumen은 1cd의 광원이 단위입체각(스테라디안)당 방사하는 빛의 양(광속)이라 정의하고 있습니다. 입체각은 그림 2.2.2에 나타낸 것으로 전방위는 4π 스테라디안에 상당합니다. 단위입체각(1 스테라디안)이 덮는 면적은 1m의 거리에서 $1m^2$이 됩니다.

lumen은 1894년 프랑스의 물리학자 블롱델(A.Blondel : 1863~1938)이 제안한 것이라 합니다. 또, lumen(루멘)의 어원은 '창' 또는 '빛'을 의미하는 라틴어에서 왔습니다.

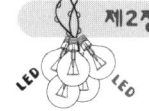

제2장 빛에 대한 기초 지식

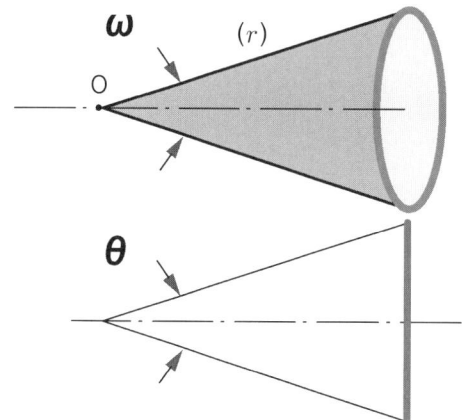

[입체각(solid angle)]
중심점으로부터 어느 폐곡선과의 거리와 중심점과 그 거리(r)로부터 만들어지는 단위. 구면에 폐곡선으로부터 투명되는 면적과의 비율

평면각 θ는 2차원 평면을 이루는 각도.
입체각 w는 θ를 더욱 축 방향으로 1회전 시킨 각도.
$\omega = 2\pi\{1 - \cos(\theta/2)\}$

○ 그림 2.2.2 입체각 w와 평면각 θ의 관계

조도, 럭스[lux]

조도는 lux(럭스)가 단위이고, 우리들 생활 속에서 밝기를 나타내는 수치로써 가장 친숙한 단위입니다. 대낮의 밝기도, 사무실 안의 밝기도, 거실의 밝기도 모두 조도에 의해 수치화할 수 있고, 그 수치로 대략의 밝기를 인식하고 있습니다. 인간의 눈은 대낮에 가장 밝은 150,000lux에서 달빛의 0.2lux까지 약 1 : 750,000 밝기의 변화를 인식하고 있습니다. 조도는 광원에서 물체에 조사되는 빛의 양으로 표시합니다.

조도의 단위는 lux이지만 lux의 의미는 $1m^2$ 당 얼마만큼의 광속으로 조사하고 있는지를 나타내는 수치[lumen/m^2]입니다(그림 2.2.3). 따라서 발광

체 그 자체의 밝기는 조도라고는 할 수 없고, 광도라든지 휘도라는 단위로 나타냅니다.

조도는 빛을 받는 양의 단위라고 할 수 있습니다. 빛을 많이 주어도 빛을 흡수하는 검은 부분은 그 정도로 밝게 보이지 않습니다. 반대로 흰 것은 빛을 많이 반사하므로 적은 빛이라도 인식할 수 있습니다. 즉, 같은 조도에서도 물체에 따라 밝기가 다르게 보입니다.

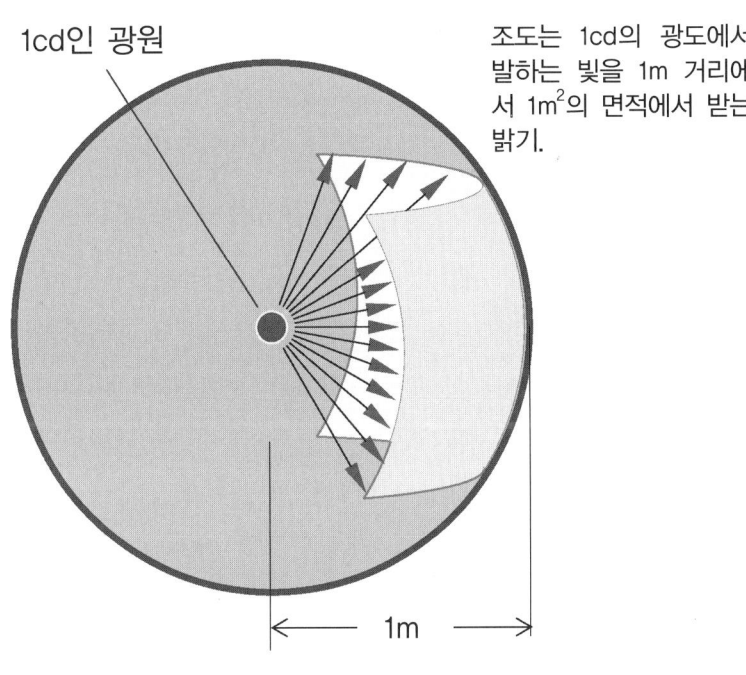

○ 그림 2.2.3 조도에 대해서

휘도, 니트[nt]

휘도는 nt(니트) 또는 cd/m^2의 단위로 나타내고, 텔레비전의 화면과 전구 등의 발광체를 무시할 수 없을 정도 넓은 면으로 되어 있는 경우의 발광면의 밝기를 나타내는 수치입니다. 빛의 단위에서 가장 이해하기 쉬운 것은 조도입니다. 휘도는 이해하기 어렵지만 실제로 사용되고 있는 것입니다. 조도와 휘도에는 어떤 의미가 있고, 어떻게 구분하여 사용하고 있는 것일까요?

조도는 물체가 검든 밝든 빛이 들어오는 양으로 구할 수 있습니다. 조도는 입사하는 광속의 밀도만을 말하고 있는 것이므로 예를 들면, 300lux 밝기의 실내에서도 검은 것은 어둡게 보이고, 흰 종이는 밝게 보입니다.

한편, 휘도는 물체의 밝기 정도를 가리키는데 사용합니다. 외관의 단위면적에서 입체각당 얼마만큼의 빛(광도)이 방사되는지를 나타냅니다. 맑게 갠 청공의 휘도는 $2 \times 10^3 \sim 6 \times 10^3$ nt입니다. 자주 틀리는 것은 휘도를 측정하여 그 휘도를 가진 면광원의 면적을 곱하면 광도를 끌어낼 수 있는 건 아닐까 하고 생각할 수 있지만 그건 잘못된 생각입니다. 면적을 곱하더라도 입체각의 단위가 없어지지 않으므로 올바른 환산이라고는 할 수 없습니다. 또, 조도와 휘도의 환산에 관한 자세한 내용은 권말 자료를 참조하시기 바랍니다.

 ## 와트[W]

와트(W, 단위시간당 에너지량)는 에너지를 취급할 때의 만능 단위입니다. 모든 에너지율은 이 단위로 나타내고 있습니다. 빛도 와트로 표현할 수 있습니다. 하지만 국제단위에서는 1979년까지의 빛의 단위는 칸델라[cd]이고,

2-2 빛의 단위

와트의 단위는 채용하고 있지 않았습니다. 1960년에 레이저가 발명되고, 뒤따라 발광다이오드가 발명되자 기존의 칸델라라는 척도로는 빛의 단위를 측정할 수 없게 되었습니다. 칸델라의 정의가 몹시 열이 높은 고체 복사의 빛 에너지로 성립되어 있어, 가시광 전체의 총합으로 표현되기 때문에 레이저와 발광다이오드와 같은 단색광에서는 지장이 생기게 되었습니다. 그래서 레이저에서는 빛의 출력을 'W(와트)'로 표현할 수 있게 되어, 와트와 기존의 빛 단위의 환산에 아래의 식을 적용했습니다.

1[W] = 555[nm]당 683[lumen]

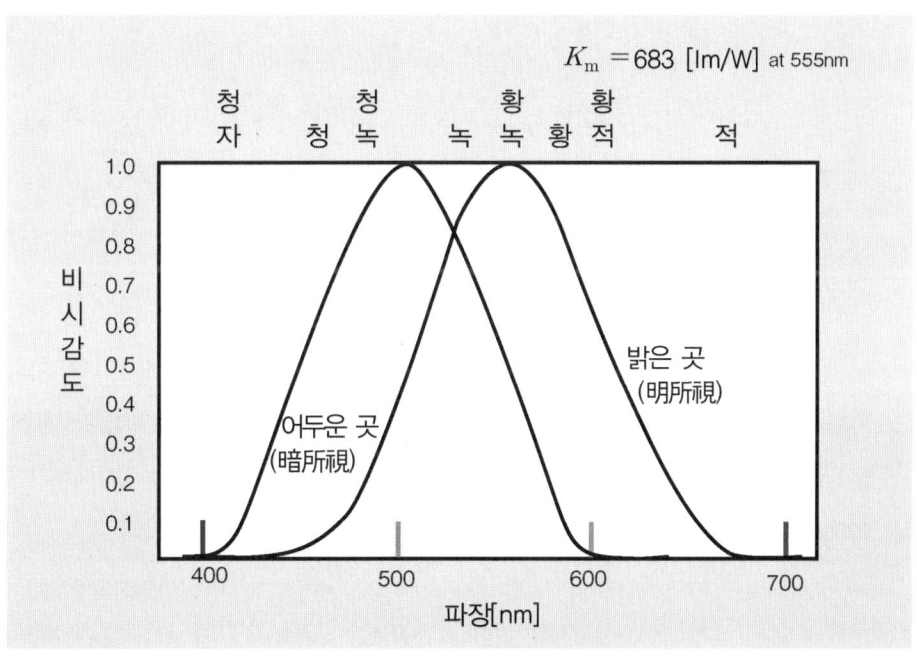

○ 그림 2.2.4 비시감도 곡선

이는 인간의 눈이 555nm인 파장에 대해서 가장 감도 효율이 좋은 점으로부터 이 파장과 백색광을 대비시켜, 인간의 눈으로 보고 같은 밝기라고 느끼는 검정에서 위의 식을 이끌어냈습니다. 이를 토대로 하여 그림 2.2.4에 나타낸 비시감도 곡선에서 비시감도 계수를 구하여 이것에 곱하자 임의의 파장에서의 광속과 와트를 환산할 수 있게 되었습니다.

칸델라의 빛의 색

와트 단위로 빛의 단위를 나타내려면 칸델라의 정의도 재검토해야 되어 1979년 10월 11일 파리에서 열린 제 16회 국제도량형총회에서는 광도의 단위를 다음과 같이 정의했습니다.

> "1cd(칸델라)는 빛의 주파수 540×10^{12}[Hz]에 있어서 문제가 되는 방향의 방사강도가 1/683W마다 스테라디안인 광원의 특정 방향으로의 방사강도라 한다."

이것이 의미하는 점은 1cd의 정의가 555nm의 파장에서 1/683W로 정의된 점과 또한, 방사 방향이 1 스테라디안 단위로 좁아진 것입니다(555nm의 파장은 540×10^{12} Hz의 주파수를 가짐). 즉, 지향성을 가진 단색광 레이저와 발광다이오드에서도 칸델라로써 환산 표시할 수 있도록 된 것입니다.

2-3 양자발광의 의미

발광다이오드가 다른 광원과 다른 점은 양자발광을 하고 있다는 점입니다. 양자발광이라는 것은 꽤 귀에 익지 않은 말이지만 분자 레벨의 규칙적인 전자파 방사라는 의미입니다. 이 방식이 아직은 더 어려울지도 모릅니다. 기존의 대부분의 광원은 발열에 따른 발광이었습니다. 즉, 분자가 심하게 운동하여 그 운동과 함께 전자파가 방출되어, 고온이 되면 짧은 전자파가 나오는(빛이 나옴) 것입니다. 가열발광에서는 여러 전자파가 방출되므로 백색광이 됩니다.

포톤(Photon)과 포논(Phonon)

포톤과 포논은 광자와 음자를 말합니다. 포논은 격자 진동이라고도 합니다. 이 둘은 주파수 성분을 가진 전자파라는 점에서는 같습니다만, 포톤이 단일 파장에 주목한 전자파를 취급할 때에 자주 사용되고, 포논은 많은 전자파가 방출되는 분자운동을 논할 때에 사용됩니다.

제2장 빛에 대한 기초 지식

■ 포톤(Photon)

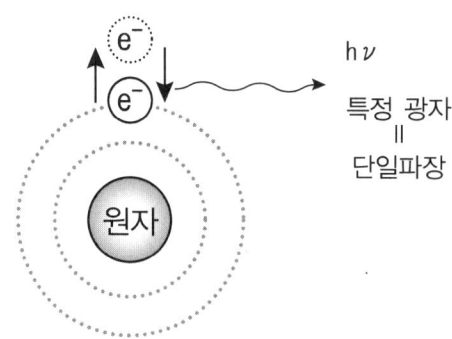

■ 포논(Phonon)

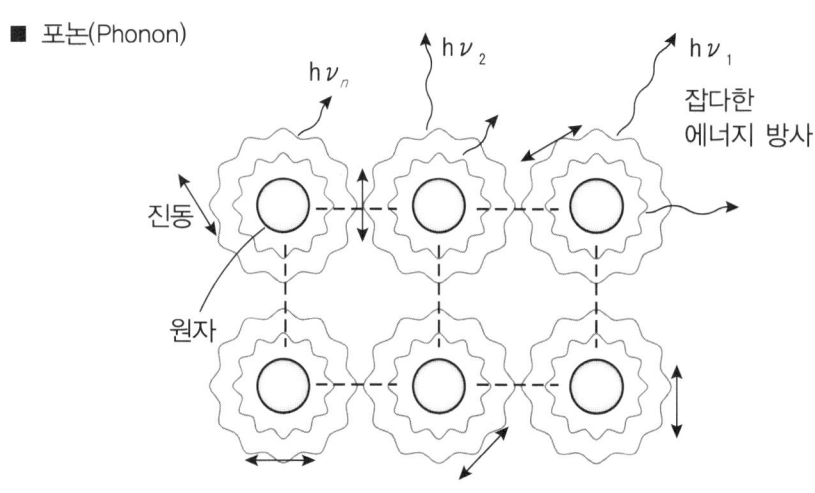

◐ 그림 2.3.1 포톤과 포논

광자(포톤)

빛의 움직임에 따라 개체에서 방출되는 전자와 개체 내부에서 여기하거나 이동하는 전자를 광자(포톤)라 합니다.

광에너지에 의해 전자가 여기하거나 방출되는 현상을 광전효과라 합니다만, 최초로 발견된 광전효과는 빛이 금속에 닿으면 금속 표면에 있는 전자가 따로 분리된다는 현상이었습니다. 따로 분리된 전자는 전기장이 있으면 정극쪽으로 끌려갑니다.

이 관계를 단적으로 나타낸 것이 다음과 같은 수식입니다.

$$Ep = \frac{1240}{\lambda}[\text{eV}]$$

Ep : 광자에너지 [eV]

      eV는 일렉트론 볼트라 읽고, 전자를 진공 속에서 1V의 전위 차로 가속했을 때의 전자가 얻는 에너지양을 나타낸다.

1240 : hc(플랑크 정수와 광속의 곱)를 1eV로 나눈 정수

λ : 빛의 파장[nm]

위의 관계는 전자와 빛을 논할 때 중요한 함수식입니다. 어느 파장 λ[nm]의 빛은 Ep라는 전자 환산 에너지, eV(일렉트론 볼트)를 가지고 있고, 이 전위차가 없으면 빛은 방출되지 않는다는 점을 나타내고 있습니다.

에너지갭

발광다이오드를 만들 때도 위에 나타낸 함수식은 중요하고, 반도체 소자의 에너지갭(Eg)을 이 이론 에너지 수치 이상으로 하지 않으면 발광하지 않는 것을 나타내고 있습니다. 예를 들면, 적색(650nm) LED라면 1.9V 이상이 필요하고, 청색(420nm) LED라면 2.9V 이상의 전위차가 필요해집니다. 짧은 파장일수록 이 에너지갭이 높아지는 것을 알 수 있습니다.

Eg(밴드갭, 금제대폭)

반도체 소자에서는 앞서 서술한 에너지갭을 밴드갭이라 부르고 있습니다.

열 손실을 조금 더 엄밀하게 말하자면 실리콘을 사용한 트랜지스터의 발열은 잡음과 같은 열 방출이고, 발광다이오드의 발광은 전자의 여기발광입니다. 반도체가 여기발광을 하는 데는 우선, 가장 먼저 PN 간 밴드갭이 커야 합니다. 그런 반도체 재료일 필요가 있었습니다. 그것을 가능하게 한 것이 갈륨과 비소를 섞은 반도체, 비화갈륨(GaAs)입니다. 그 기판 상에 PN 반도체를 만들어 전류를 흐르게 함에 따라 적색 발광을 얻을 수 있습니다. 또, 갈륨과 인, 갈륨인(GaP)에서 황색 발광이, 그리고 질화갈륨(GaN)에서 청색 발광이 나오게 되었습니다.

이 같이 발광다이오드는 적외에서 적색, 황색, 녹색, 청색의 단파장 쪽으로 진화했습니다. 열 손실이 애당초 발광 원리인 반도체 광원에 있어서

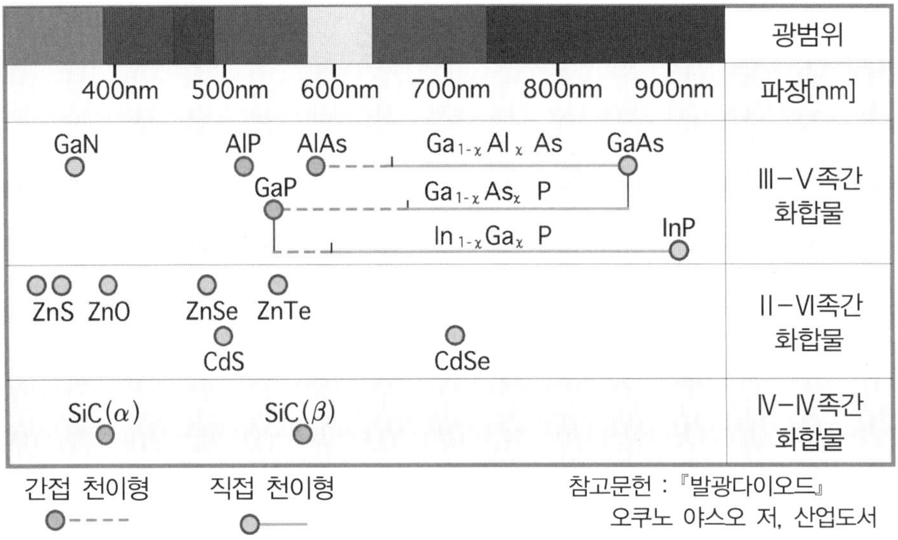

광범위						
400nm	500nm	600nm	700nm	800nm	900nm	파장[nm]
GaN	AlP	AlAs	$Ga_{1-x}Al_xAs$		GaAs	III-V족간 화합물
		GaP	$Ga_{1-x}As_xP$			
			$In_{1-x}Ga_xP$		InP	
ZnS ZnO	ZnSe ZnTe					II-VI족간 화합물
	CdS		CdSe			
SiC(α)	SiC(β)					IV-IV족간 화합물

간접 천이형 ○---- 직접 천이형 ○

참고문헌 : 『발광다이오드』
오쿠노 야스오 저, 산업도서

● 그림 2.3.2 각 화합물과 그 금제대폭에 상당하는 발광 파장

2-3 양자발광의 의미

청색 발광의 출현은 획기적인 일이었습니다. 열 발광에서 시작한 반도체 광원이 전자에 의해 여기되어 빛을 내는 갈륨인, 비화갈륨(GaAs) 등의 반도체 결정을 만들어 내고, 양자발광을 촉진하는 가시광원으로까지 진화한 것입니다.

그림 2.3.2는 발광을 촉진하는 반도체 재료와 발광 파장, 발광 재질의 관계를 나타낸 것입니다. 이 표는 도호쿠대학을 졸업하고, (재)반도체 연구 진흥회, 스탠리 기술 연구소에 근무하고 있는 오쿠노 야스오씨의 저서 『발광 다이오드』속에 소개되어 있는 것입니다.

발광다이오드는 최초 비화갈륨(GaAs) 소재에서 시작되었습니다. 그 소재는 그림 2.3.2의 오른쪽 위에 위치하고 있습니다. 이 소재는 기존의 실리콘 반도체에 비해 밴드갭이 1.43V로 높기 때문에 860nm 근방의 파장의 빛을 방출할 수 있었습니다. 이 발광은 전자의 여기에 기인한 것입니다. 결정 속의 전자가 정해진 준위에서 에너지 방출을 하기 위해 이런 특정한 빛이 방출되는 것입니다. 전자의 여기에너지로부터 직접적으로 빛이 방출되는 것을 직접 천이형 발광이라 합니다. 이 발광은 매우 효율이 좋은 발광입니다.

발광다이오드에서는 이 직접 천이형 발광 외에 간접 천이형 발광이 있습니다. 간접 천이형 발광은 전자가 빛으로써 방출되는 것과 동시에 분자를 진동시키는 열·음에너지(포논: 격자진동이라 함)를 방출시킵니다.

간접 천이형은 일반적으로 발광이 약하고 효율이 좋지 않기 때문에 특별한 불순물을 넣어 여기된 전자를 일단 이 불순물로 속박한 다음 발광을 촉진하는 에너지로 변환시킵니다. 황색과 녹색의 발광다이오드는 간접 천이형인 갈륨인(GaP)으로 만들어졌습니다.

제2장 빛에 대한 기초 지식

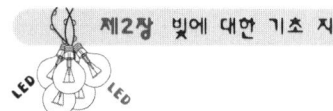

발광다이오드의 발광 파장은 다음 식으로 구할 수 있습니다.

$$\lambda = \frac{1240}{Eg}$$

λ : 발광다이오드의 발광 파장[nm]

Eg : 반도체 재료의 금제대폭[eV]

위의 식은 양자 에너지 식에서 이끌어낼 수 있습니다.

$$h\nu = \Delta E = Eg = \frac{c}{\lambda}$$

h : 플랑크 정수
ν : 빛의 진동수
ΔE : 캐리어 재결합 전후의 에너지 차[eV]
Eg : 반도체 재료의 금제대폭[eV]
c : 광속
λ : 발광다이오드의 발광 파장[nm]

이 식에 의하면 가시광(λ=760~380[nm])을 내는 금제대폭 Eg는 1.63eV부터 3.26eV까지 필요하기 때문에 LED 개발에 있어서는 이 범위에 있는 반도체 결정을 찾는 것과 그것을 제조하는 수법을 확립시키는 것이 중요한 요소가 되었습니다. 비화갈륨(GaAs)과 갈륨인(GaP)의 두 가지 결정 사이에 각각을 알맞게 섞어 결정을 만듦에 따라 적색에서 청색에 걸친 발광이 나오게 되었습니다. 이 발광다이오드는 $GaAs_{1-x}P_x$라는 표기로 나타내고, x가 불순물을 혼입하는 정도를 나타내고 있습니다. 이런 결정을 만드는 기술이 에피택셜 성장(epitaxial growth) 기술이라 불리고 있는 것입니다.

2-3 양자발광의 의미

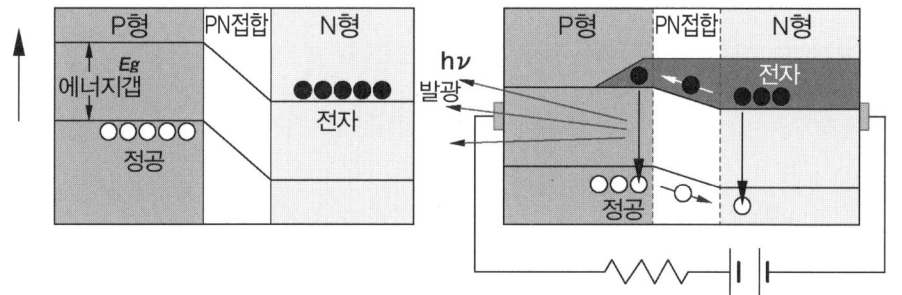

○ 그림 2.3.3 에너지 밴드갭

CHAPTER 03

여러 가지 광원

그런데 발광다이오드가 등장하기 전까지
인간은 어떤 광원을 발명했을까요?
보다 밝고, 저렴하게, 그리고 보다 오랜 시간….
안정된 광원을 구해온 개발 역사를 반복하면서 인간에게
빛이란 무엇인가? 라는 테마에 대해 알아봅시다.

3-1 형광등 이전의 광원

발광다이오드 외에 어떤 광원이 있는 것일까요? 발광다이오드의 위치를 명확하게 하기 위해 현재 사용되고 있는 광원의 종류와 특징에 대해서 설명합니다.

태양광

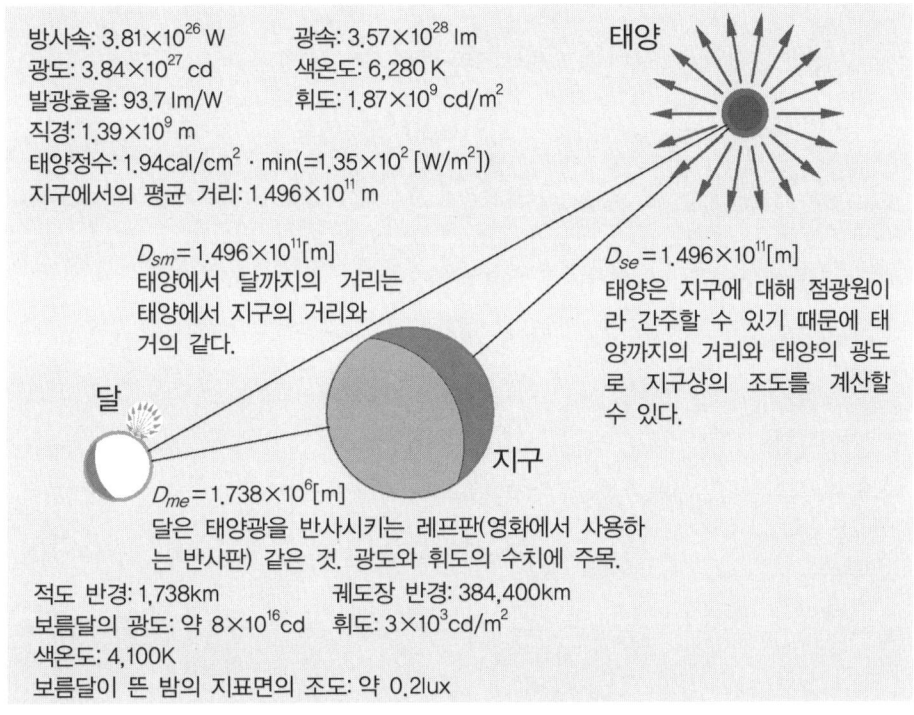

● 그림 3.1.1 태양과 달이 지구상에 주는 조도

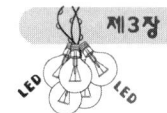

제3장 여러 가지 광원

태양광은 인류에게 가장 친숙하고 지구상의 모든 에너지의 원천이기도 합니다. 석유, 석탄도 태양이 긴 세월에 걸쳐 기른 생물의 유산이고, 비에 따른 물자원 순환, 식물의 광합성에 따른 대기의 환원 작용도 모두 태양 에너지에 의존하고 있습니다. 인간의 눈도 태양광에 적응하여 진화해 왔기 때문에, 태양광이 인간에게 있어서 가장 이상적인 광원이라 할 수 있습니다. 태양광은 우수한 평행광이어서 에너지의 절대량도 많고, 집광하면 꽤 강력한 광원이 됩니다.

조명학회편찬 『대학과정조명공학』(옴사)의 데이터에 의하면 위도 35도의 지역에서 가장 태양 조도가 높은 것은 하지(夏至) 남중(南中)에서 약 110,000 lux이고, 이 수치는 동지(冬至) 남중의 배에 가까운 수치입니다. 즉, 하지는 동지보가 배로 밝다는 것입니다.

다음에 태양 데이터를 나타냈습니다.

- 방사속 : 3.81×10^{26} W
- 광속 : 3.57×10^{28} lm
- 광도 : 3.84×10^{27} cd
- 발광 효율 : 93.7 lm/W
- 색온도 : 6,280K
- 휘도 : 1.87×10^9 cd/m^2
- 직경 : 1.39×10^9 m
- 지구에서의 평균 거리 : 1.496×10^{11} m
- 태양정수 : 1.94cal/cm$^2 \cdot$ min(=1.35×10^3 [W/m^2])

태양광 조명광원으로써 지구 표면을 비출 때의 조도를 구해봅시다.

- 광도(I) : 3.84×10^{27} [cd]
- 지구에서의 평균 거리(D) : 1.496×10^{11} [m]

3-1 형광등 이전의 광원

조도는 광도와 조사거리의 제곱에 역비례 관계가 있으므로

$$E = \frac{I \times \cos\theta}{D}$$

에 의해

$$E = 171,600\cos\theta\,[\text{lux}]$$

를 얻을 수 있습니다.

적도상 직하($\theta=0$)에서 춘분·추분의 오후 0시에 맑게 갠 하늘(습도 0%)에서는 171,000lux가 되는 것을 알 수 있습니다. 도쿄는 북위 35도($\theta=35$)이고, 춘분·추분의 오후 0시의 맑게 갰을 때(습도 0%), 141,000lux에 한없이 가까워집니다. 여름에는 태양이 북회귀선까지 올라오므로 태양의 높이는 북위 13도 정도 되고 166,000lux까지 조도를 얻을 수 있는 값이 됩니다. 하지만 대기의 먼지와 습도(수증기)로 빛이 감쇠하므로 이를 고려한 조도는 100,000~150,000lux 정도가 됩니다.

 촛불

촛불은 인간이 손에 넣은 인공 조명장치입니다. 빛을 손에 넣음에 따라 인류는 어둠을 지배할 수 있게 되었습니다. 또, 빛의 열을 이용하여 추위를 극복하고 음식을 풍부하게 만들었습니다. 인간은 '나무'를 태우는 불을 거쳐, '지방'과 '밀랍(蠟)'을 태우는 '램프', 그리고 '촛불'이 만들어졌습니다. 촛불의 원료로는 거먕옻나무의 열매, 송진, 우지(牛脂), 경유(향유고래), 밀랍, 파라핀 등이 사용되었습니다.

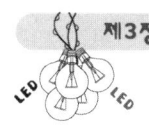

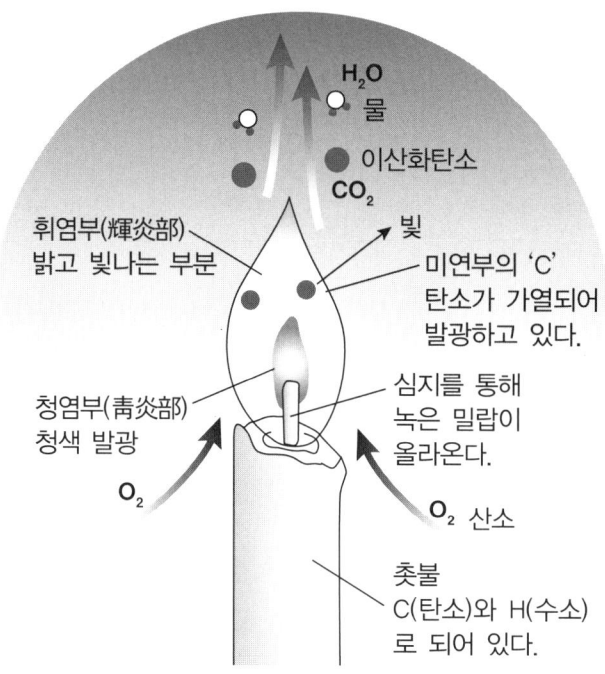

○ 그림 3.1.2 촛불의 불꽃

등불에 요구되는 가장 중요한 요소는 저렴해야 된다는 것이었습니다. 빛은 매일 사용하는 것이기 때문에 저렴하고 사용하기 쉽고 밝은 것이 무엇보다도 요구되는 것이었습니다. 그런 요구에 응답할 수 있도록 여러가지 창의적인 아이디어들이 모아졌습니다. 대부분의 사람들이 빛을 바래 왔기 때문에 빛을 취급하는 산업은 크게 발전했습니다. 가스사업, 전력사업도 사람들에게 빛을 보내기 위해 시작되었습니다.

촛불은 탄소(C)와 수소(H)를 많이 포함한 유기화합물입니다. 이들 원소가 공기의 산소와 반응하여 반응열이 발생합니다. 탄소와 수소가 완전연소(이상적인 화학반응)를 하면 반응열 외에 자외역과 청색역, 적외역의 빛을 방출합니다. 완전연소로는 가시광 영역의 발광은 거의 없어 블루 프레임이 됩니다.

이것으로는 빛으로 이용할 가치가 없습니다. 가스풍로의 블루 프레임은 조명으로 사용할 수 없는 것입니다. 촛불에서는 반응열에 따라 미반응부의 탄소가 달궈져 고온이 된 탄소가 빛난다는 고체복사의 원리를 이용하고 있습니다.

하지만 양초는 그 정도로 강한 빛은 아닙니다. 연소온도가 낮기 때문입니다. 온도가 높아지면 눈부실 정도의 밝은 빛을 얻을 수 있습니다. 숯과 석탄을 송풍장치를 사용하여 공기를 많이 공급해주면 매우 눈부시게 빛이 납니다. 그것은 풍부한 산소가 공급되어 연소 온도가 상승하기 때문입니다. 자연대류에 따른 촛불의 연소는 산소가 부족한 상태에서 이루어지고 있다는 것을 의미합니다.

빛의 단위인 광도를 나타내는 cd(칸델라)는 촛불의 밝기에서 기인한 것이라 합니다.

 가스등

19세기까지 암흑의 어둠을 밝힌 빛은 촛불과 석유램프(칸델라)였습니다. 가스등은 19세기부터 등장합니다. 가스등은 석탄을 건류(乾溜)하여 얻을 수 있는 석탄가스를 사용하여 연소한 등불을 말합니다.

18세기말에서 19세기에 거쳐 영국에서 산업혁명이 일어나 철강 산업이 크게 발전했습니다. 철강업을 지탱하고 있던 것이 화력(열에너지)의 석탄입니다.

당시에는 석탄을 건류하여 코크스와 타르만 추출하고, 남은 석탄가스는 대기에 버렸습니다. 영국의 증기기관 엔지니어였던 윌리엄 머독(William Murdock: 1754~1839)은 그것에 주목했습니다. 그는 짬이 나면 석탄가스의 발생장치와 석탄가스에서 발광하는 조명램프를 만들고, 이것을 직장에서 사용했습니다.

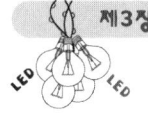

제3장 여러 가지 광원

맨틀
가스염은 위에서 아래로 뿜어져 맨틀로 보내진다.

아웃도어 용품인 가스랜턴
연료봄베에 랜턴을 설치한 타입.
연료는 중앙부 지주에서 꼭대기 부분으로 올라가고,
아래쪽으로 가스염이 뿜어져 두 개의 맨틀로 보내진다.

○ 그림 3.1.3 아웃도어 용품인 가스랜턴

    머독이 가스등을 만드는 데 있어 다른 발명자와 다른 점은 가스등을 시스템으로 생각했다는 것입니다. 머독은 석탄에서 석탄가스를 만들어 내는 건류장치와 석탄가스를 저장하는 가스탱크, 가스의 배관설비, 가스의 연소기, 가스의 조정 콕 등의 일련의 플랜트 설비를 고안한 것입니다. 꼼꼼한 머독이었기에 가능한 일이었습니다.

    이 시스템의 아이디어는 전기 조명사업을 한 에디슨에 의해서도 계승되었습니다. 에디슨은 가스를 사용한 조명 시스템을 철저하게 모방했습니다. 중앙부에 발전소를 배치하여 전력을 수급자에게 보내고, 배전반을 설치했습니다. 전구를 점등시키는 스위치까지 같은 모양으로 했습니다.

3-1 형광등 이전의 광원

▍맨틀 발명

가스등이 발명된 당초에는 가스화염을 그대로 빛으로 사용하고 있었기 때문에 결코 밝은 것은 아니었습니다. 가스화염이 밝게 된 것은 맨틀(mantle)이 발명되고 나서부터입니다. 이것을 발명한 것은 오스트리아의 화학자 벨스바흐이고 1891년의 일입니다. 머독이 가스등을 발명한 지 90년이나 지났습니다. 가스등은 90년간이나 덮개가 없었습니다. 또, 그가 맨틀을 발명했을 때에는 이미(12년이나 전에) 영국의 스완과 미국의 에디슨이 전기를 사용한 빛을 발명하여 판매하고 있었습니다.

맨틀이란 가스염에 씌우는 다결정 광물로 만들어진 캡과 같은 것입니다. 이것은 우선 봉투 모양의 면 또는 비단을 사용하여 망을 짜서, 그 망에 발광제인 산화 토륨과 산화 세륨을 99:1의 비율로 섞은 액체에 스며들게 한 뒤에 구워서 굳힌 것입니다. 이 맨틀로 가스염을 감싸 가스열로 빛나는 백색광을 얻을 수 있었습니다. 맨틀의 발광제 기능으로 덮개가 없는 것보다 5배나 밝게 할 수 있었습니다.

석탄가스를 사용한 조명은 밝기점(촛불 불꽃의 3배에서 10배의 밝기)과 능률과 안전성 면에서 보았을 때 그렇게 반드시 만족할만한 것은 아니었습니다. 극장 같은 곳에서 이 가스등이 사용되자 가스의 연소로 많은 산소가 사용되어 관객들이 산소 결핍으로 인한 심한 두통에 시달리게 되었다고 합니다.

 ### 아크 전등

아크 전등은 에디슨이 관구(菅球) 필라멘트 전구를 만들기 전에 한 세대를 풍미했던 전등입니다. 취급이 성가시고 휘도가 높고, 너무 눈부셔서 고

제3장 여러 가지 광원

전압 대전류를 필요로 하고 있었기 때문에 백열전구가 등장하자 한 번에 그 지위를 빼앗겼습니다. 단, 고휘도에서 점광원이라는 특징이 있었기 때문에 대규모 조명장치와 영화관에서 영사기용 광원으로 일본에서는 1968년경까지 사용하고 있었습니다.

아크 전등은 단순히 전기의 방전을 이용하여 빛을 얻는 전등입니다. 점등시킬 때는 전극을 접촉(쇼트)시켜 방전이 시작되면 전극을 분리하여 희망하는 아크장으로 합니다.

전극은 사용과 동시에 소모되므로 끊임없이 전극 간을 조정해야 합니다. 또, 대기방전이므로 소모한 카본이 방 안에 흩어지는 그을음 문제도 있었습니다. 방전 중에 발하는 소리도 컸다고 합니다.

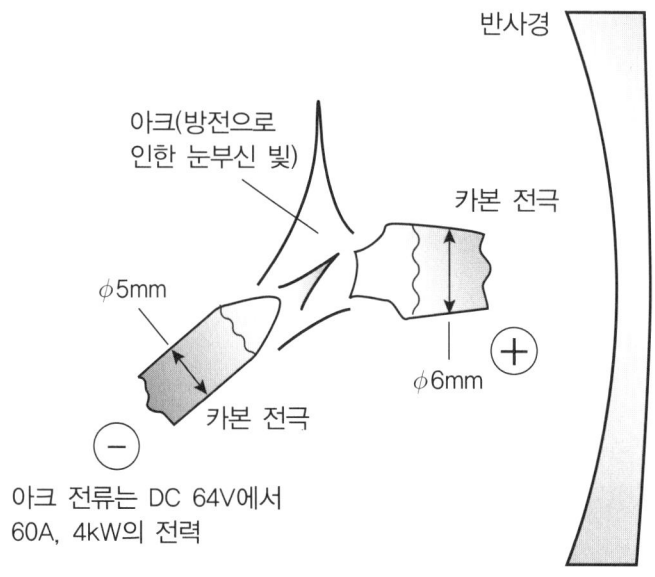

★ 그림 3.1.4 1950년대에 사용된 영화관 영사기용 아크 광원

3-1 형광등 이전의 광원

영사기의 아크 전등은 64V에서 60A의 전류를 소비했다고 합니다. 이는 3,840W의 광원이 됩니다. 3,840W의 전기가 불과 ϕ6mm의 전극봉의 7mm 정도의 갭 사이를 방전하는 것이므로 휘도는 꽤 높은 것이 됩니다.

아크등은 영국의 화학자 험프리 데이비(Humphry Davy: 1778~1839, 마이클 패러데이의 은사)가 발견한 반달모양(弧狀, 아크)의 전광으로부터 시작되었습니다. 데이비는 볼타 전지의 양극에서 나온 2개의 철사 앞에 각각 단단한 숯 조각(탄소)을 묶어 그 양 끝을 조금 떨어뜨려 놓았습니다. 그러자 그 사이에는 너무나 눈부신 불꽃의 한 부분이 중간 역할을 하여 연소한 빛을 발했습니다. 이는 아크등 전등이라 이름이 붙여졌습니다. 볼타의 배터리(볼타전퇴(電堆), Voltaic pile)는 이탈리아 사람인 알레산드로 볼타(Alessandro Volta: 1745~1827)에 의해 1800년대에 발명되었습니다. 볼타전퇴는 은과 주석판을 서로 층층이 포개고, 이에 식염수를 적셔 전기를 발생시키는 것입니다. 볼타전퇴가 만들어지고 2년 후에, 이 배터리를 사용한 전등이 만들어졌습니다.

볼타가 최초로 개발한 전퇴는 은을 사용하고 있어 고가였기 때문에 아연(−)과 구리(+)로 바뀌었습니다. 이 양금속이 만드는 전위차는 1.1V였습니다. 데이비는 1813년, 연구소(Royal Institution) 지하실에 대대적인 전원설비를 만들었습니다. 이는 889ft^2(83m^2=약 9m×9m)의 공간에서 2,000개의 볼타전퇴를 설비한다는 거대한 것이었습니다. 전부 직렬로 접속하면 2000V의 전압이 발생합니다. 설마 그런 접속은 하지 않았을 것이라 생각합니다만 100V 정도의 전압으로 며칠(또는 수개월간) 실험이 가능했으리라 생각합니다. 이만큼의 설비가 있으면 아크 전등을 켜는 것이 가능했을 것이라 여겨집니다. 데이비는 이 배터리를 사용하여 전기분해 연구를 하여 여러 물질을 발견해냈습니다.

제3장 여러 가지 광원

백열전등

　백열전등은 전기에너지를 사용한 등불입니다. 미국인 토머스 에디슨(Thomas Alva Edison: 1847~1931)이 1879년에 발명하여 큰 사업으로 성장시켰습니다. 발전소 건설부터 전선 설치, 가정 내의 전기배선, 브레이커, 스위치 등 전기 공급 시스템은 이 백열전구의 보급의 성과라고 해도 과언이 아닙니다. 백열전구는 20세기를 통해 광원의 대명사가 되었습니다.

　백열전구는 전기를 고온에 견디는 저항체를 사이에 두고 통전시켜, 열에너지(줄열)로 변환하는 가열 발광을 이용하고 있습니다. 백열전구는 구조가 간단하고 비교적 저렴하기 때문에 폭넓게 사용되어 왔습니다. 반면, 열의 발생이 큰 점(소비전력의 약 90%가 열로 바뀜)과 파손되기 쉬운 결점이 있었습니다.

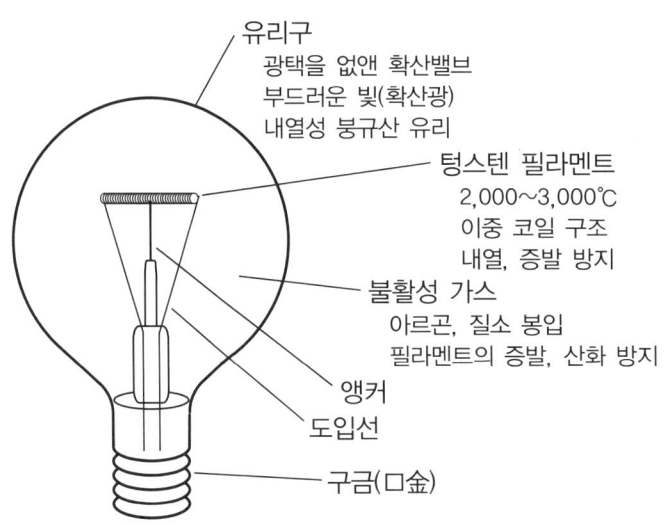

❂ 그림 3.1.5 텅스텐 필라멘트 타입의 백열전구

3-1 형광등 이전의 광원

▌필라멘트 개량

에디슨의 집념에 가까운 탄소 섬유를 이용한 필라멘트 개발을 거쳐, 섬유를 사용하지 않는 합성 필라멘트가 나타나고, 그 제조법은 완전히 바뀌었습니다. 필라멘트의 전제는 저렴하고 시판화할 수 있다는 점입니다. 백열전구 개발 초기에는 백금선을 사용한 것이 있었습니다. 당연히 비쌌습니다.

최초에 사용된 필라멘트 소재는 셀룰로오스였습니다. 이것은 영국의 스완(Sir Joseph Wilson Swan)이 실용화했습니다. 셀룰로오스를 걸쭉하게 녹여 분사구에서 짜내면 바로 굳기 때문에 직경에 균일하고 긴 필라멘트를 만들 수 있게 되었습니다. 이에 따라 금속합금도 같은 방법으로 제조되었습니다. 실제로 전기의 줄열로 발광하는 필라멘트로써 3,000℃ 정도의 고온에 견딜 수 있는 재료는 탄소와 오스뮴과 탄탈 그리고 텅스텐 등의 4종류였습니다.

탄소는 물러서 내구성에 문제가 있었습니다. 오스뮴은 지구상에 풍부하게 있는 금속이 아닌 귀중한 것인데다가 무른 성질이 있었습니다. 탄탈은 텅스텐 필라멘트가 만들어지기 전까지 사용되고 있었습니다만 전기저항이 높아 필요한 저항치를 얻는 데는 탄탈의 선재(線材)를 아주 가늘게 해야 되므로 가공하기가 매우 어려운 금속이었습니다. 텅스텐이 필라멘트로는 가장 좋았던 것입니다.

이 필라멘트는 개발하고부터 100년이 지난 지금도 계속 사용되고 있습니다. 텅스텐 필라멘트는 1910년 미국 GE(General Electric Company, 제너럴 일렉트릭)사의 쿨리지(W.D.Coolidge)가 개발했습니다.

백열등은 텅스텐 필라멘트로 인해 드디어 완성의 경지에 도달하게 되었습니다. 텅스텐 필라멘트의 등장으로 전등은 붉은 빛을 띤 미약한 빛으로부터 현대의 300W구에 상당하는 눈부실 정도의 흰빛을 대량으로 생산하게 되었습니다.

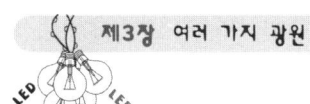

제3장 여러 가지 광원

▮ 불활성 가스, 할로겐 사이클

백열전구의 가장 큰 문제는 필라멘트가 끊어지는 것입니다. 필라멘트의 수명을 길게 하기 위한 여러 가지 연구가 이루어졌습니다. 그 하나가 전구 속에 봉입하는 불활성 가스, 그리고 할로겐 가스의 봉입이었습니다. 이들의 가스에 따라 필라멘트의 수명은 현저하게 향상되었습니다.

백열전구의 개발 초기에는 밸브 속이 진공으로 되어 있었습니다만 진공이 강하면 필라멘트의 증발이 커진 경우에 증발한 텅스텐이 밸브 내면에 부착되어, 검게 되는 흑화 현상의 문제가 있었습니다.

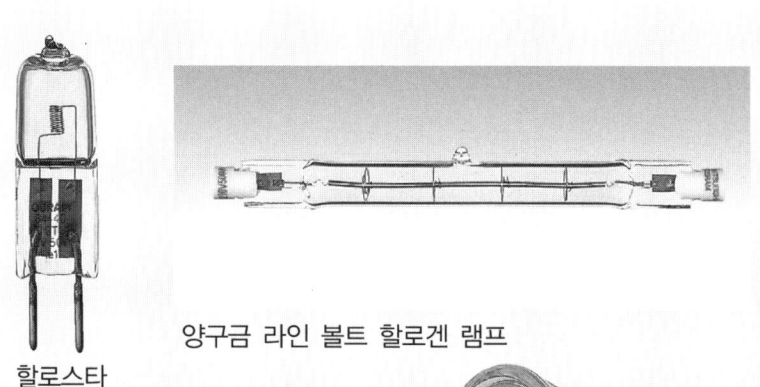

할로스타

양구금 라인 볼트 할로겐 램프

할로겐 램프의 외관 특징
- 밸브가 작다.
- 밸브가 투명(석영 유리)
- 구금이 에디슨형이 아니다.
- 필라멘트가 두껍고 길다.
- 할로겐(요오드, 브롬)이 봉입되어 있다.

Decpstar IRC 01

✪ 그림 3.1.6 할로겐 램프의 특징

사진제공 : 미쓰비시 전기 오스람 주식회사

3-1 형광등 이전의 광원

　이를 방지하는 방법으로 1913년, GE사의 랭뮤어(Irving Langmuir)가 밸브 내에 불활성 가스를 봉입한 전구를 개발하여 흑화 문제를 억제했습니다. 봉입 가스로는 보통 아르곤 가스와 질소 가스의 혼합 가스가 사용되고 있습니다. 아르곤 대신 크립톤, 제논 등의 희토류 원소를 봉입한 것이 크립톤 전구입니다. 크립톤은 분자량이 크고 무거운 가스이기 때문에 아르곤과 질소와 같은 가벼운 가스와 달리 열대류가 일어나기 어렵고, 필라멘트에서 나오는 열을 뺏기 어려운 성질을 가지고 있습니다. 이 크립톤 가스에 의해 고효율, 고수명인 램프가 만들어졌습니다.

　필라멘트의 수명은 필라멘트 온도에 의존합니다. 필라멘트 온도를 올리면(전압을 올리면) 광도가 상승하고, 그에 따라 필라멘트의 증발도 커져 끊어지기 쉽습니다. 텅스텐 전구에 정격전압보다 5% 상승한 전압을 더하면(100V 정격인 전구에 105V의 전압을 더하면) 밝기는 18% 증가합니다만 수명이 절반이 됩니다. 140V의 전압에서는 전구가 순식간에 끊어집니다.

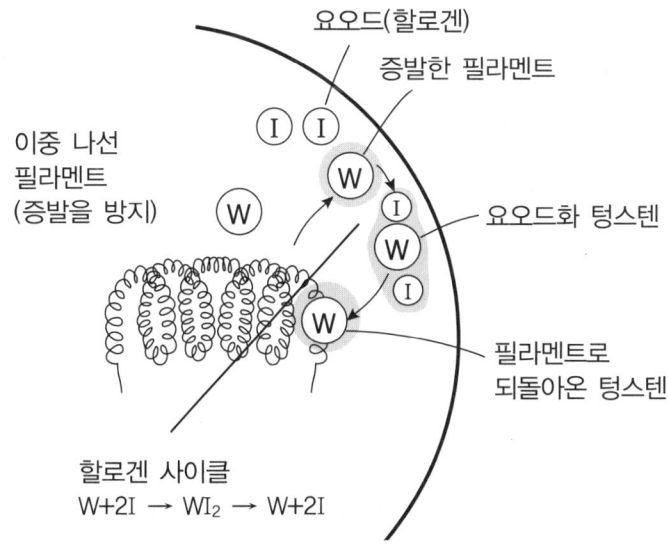

● 그림 3.1.7 필라멘트의 개량과 할로겐 사이클

제3장 여러 가지 광원

텅스텐 할로겐 램프는 앞에 서술한 텅스텐 램프의 불활성 봉입 가스 속에 미량의 할로겐 원소(요오드, 브롬)를 넣은 것입니다. 백열전구와 크게 다르지 않지만 할로겐 가스를 봉입함으로써 증발했던 텅스텐이 필라멘트로 다시 돌아오게 됩니다. 이를 할로겐 사이클이라 하며 발광 효율과 단순화, 수명이 현저하게 향상되었습니다. 이 램프는 1959년, GE사에 의해 요오드를 봉입한 할로겐 전구로써 개발되었습니다.

텅스텐 할로겐 램프는 그림 3.1.7과 같이 꽤 단순하게 되어 있습니다. 이 콤팩트한 밸브로 50W에서 2,000W 출력을 얻을 수 있습니다. 할로겐 램프는 작고 출력이 큰 것이 특징입니다. 그 때문에 단위면적의 발열이 커지고, 전구 외부를 덮는 투명 유리 재질인 밸브도 고온이 되므로 밸브의 재질로는 석영 유리를 사용하고 있습니다.

형광등(저압 수은등)

형광등은 부드러운 빛을 조사하는 조명장치입니다. 부드러운 빛이란 음영이 생기기 힘든 빛을 말하며 공간을 균일하게 비추는데 적합합니다. 형광등은 점광원이 아닌 면광원이라 할 수 있습니다. 따라서 필연적으로 빛을 멀리까지 보내기 어렵고, 조사거리가 짧은 단점이 있고 대신 조사범위가 넓은 장점이 있습니다. 형광등은 거실에서 휴식을 취할 때와 사무실에서 일을 하는데는 매우 좋은 조명장치이고, 일상생활에는 없어서는 안 되는 이상적인 조명광원이라 합니다.

형광등은 소비전력에 대한 발광효율이 25%로 높고 열 손실이 적기 때문에 1960대부터 백열전구에서 바뀌어 가정과 사무실의 일반적인 조명이 되었습

3-1 형광등 이전의 광원

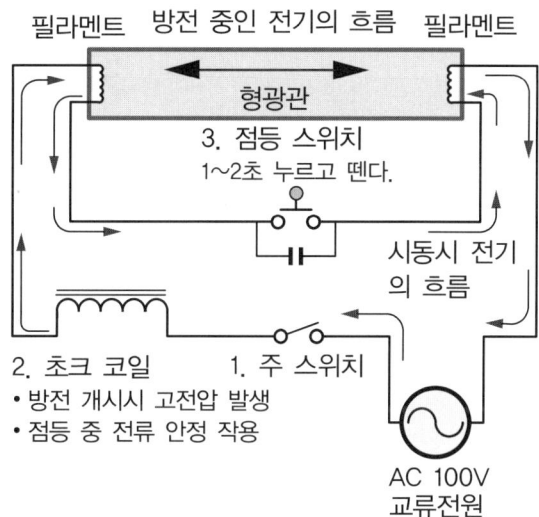

○ 그림 3.1.8 형광등의 기본 회로도

니다. 가정용 형광등은 4W에서 40W 급이 일반적이고, 큰 것으로는 220W까지 있고 사무실과 공장에서 사용하고 있습니다.

▌형광등의 구조

형광등은 방전등의 일종이고 그것도 수은등의 일종입니다. 단, 수은의 증기압이 낮은(10~2mmHg) 진공관 속의 방전(저압 수은방전)입니다. 일반적인 수은등은 형광등관을 진공배기하여 그 속에 수 mg의 수은 알갱이와 2~3mmHg 정도의 아르곤 가스를 봉입하고 있습니다. 아르곤 가스는 형광등을 시동할 때 방전을 쉽게 하기 위해 들어 있습니다. 수은방전은 1/100,000 기압 정도의 증기압으로 방전시키면 253.7nm의 자외휘선 스펙트럼을 발합니다. 형광등은 이 영역을 이용하고 있습니다. 즉, 형광등은 수은의 자외선 발광을 이용하고 있는 것입니다.

수은 증기압을 더욱 높여 1기압에서 수 기압으로 하면 가시영역의 청색, 녹색, 황색이 강한 휘선 스펙트럼이 나타나게 됩니다. 공장과 가로등에 사용되는 수은등은 이 고압 수은등을 이용하고 있습니다. 수은 증기를 더욱 높여 10기압 이상으로 하면 연속 스펙트럼이 강해지고 흰색에 가까워집니다. 이는 초고압 수은등이라 불리고 있습니다.

형광등의 발광 메커니즘을 그림 3.1.9에 나타냈습니다. 형광관에 설치된 필라멘트에서 방사되는 열전자가 방전관 내에 흩어져 있는 수은 입자에 충돌하고 이에 따라 발생하는 자외선(특히 강한 253.7nm의 공명방사)이 관 벽면에 도포된 형광체를 여기시켜 가시광으로 변환됩니다. 형광체를 매개로 한 발광 때문에(면발광이기 때문), 고휘도 발광은 기대할 수 없습니다. 즉, 발광이 형광면에서 나오는 산란광이기 때문에 멀리 떨어진 거리(10m 이상)에서 물체를 투광하는(비추는) 것도 어렵습니다.

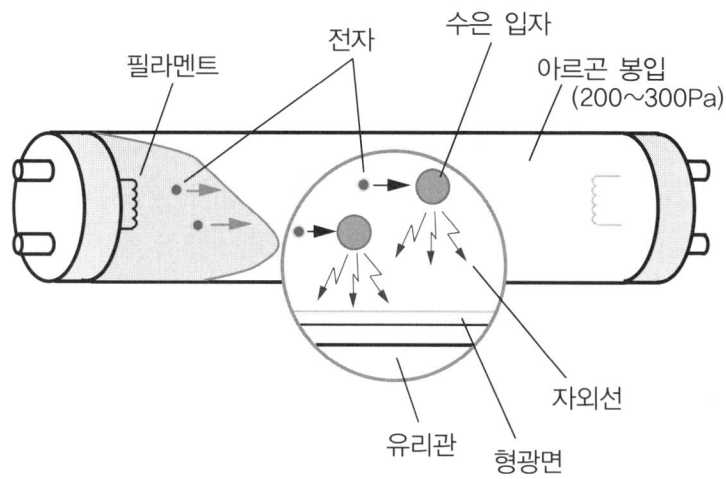

● 그림 3.1.9 형광등의 발광 원리

3-1 형광등 이전의 광원

　최근(1980년 이후)에는 형광관을 둘둘 말아 넣는 기술이 발달했기 때문에 반사경을 설치하여 투광 성능을 증가시킨 형광램프와 백열전구의 형태를 한 볼형 형광등이 나오고 있습니다. 이들은 백열전구보다도 전기를 소비하지 않는다는 점과 수명이 길다는 이유로 초기 투자가 허용되는 조건 하에서(백열전구보다는 고가이므로) 백열전구에서 바뀌어 사용하고 있습니다. 하지만 형광전구는 겨울철에는 수은이 잘 가영되지 않기 때문에 밝아지는데 1분 이상 걸립니다. 형광전구는 일반 직관형 형광등에 비해 수은이 가열되기 어렵습니다. 세면장이라든지 복도 등 사용시간이 짧고, 스위치를 켜면 바로 불이 켜지길 원하는 곳에서는 그다지 사용되지 않는다고 합니다.

▌형광등의 플리커(깜빡임)

　형광등이 점멸발광을 하고 있다는 것을 모르는 사람이 많습니다. 전등은 모두 태양광과 같이 일정한 빛을 발하고 있다고 생각하고 있습니다. 하지만 전등 속의 대부분의 것은 깜빡깜빡 점멸을 반복하는 발광을 하고 있습니다. 이는 가정으로 보내지는 상용전원이 교류이기 때문에 일어나고 있는 것입니다. 상용전원이 왜 교류인지는 발전소에서 전력을 보낼 때에 교류로 하면 변압이 자유롭고, 발전소 수도 적어도 되는 좋은 점 때문이었습니다.

　형광등은 방전등이므로 전원의 주파수에 충실하게 응답한 발광을 합니다. 따라서 형광등은 교류주파수 성분($50[Hz] \times 2 = 100[Hz]$ 또는 $60[Hz] \times 2 = 120[Hz]$)을 동반한 발광을 하고 있어, 이 발광이 가진 깜빡거림을 플리커(flicker)라 합니다.

　형광등의 플리커는 일반적으로 사용할 때는 사람의 눈으로 느끼는 경우는 없지만 비디오 촬영을 하거나 고속 카메라로 촬영하면 현저하게 나타납니다. 같은 교류전원을 사용하고 있는 백열전구에 플리커가 나오지 않는 것은 백열전구는 줄열에 의해 필라멘트가 고온에서 뜨거워져, 발열한 필라멘트 자체도 굵고 열용량이 크기 때문에 필라멘트가 고온으로 계속 유지되어, 전원주파수에는 응답하지 않고 곧바로는 식지 않고 발광변화가 일정해지기 때문입니다. 그래도 백열전구의 발광을 고속 카메라로 촬영하여 자세하게 관찰하면 조금이지만 광량의 변화가 있습니다. 형광등은 방전등이므로 발광이 교류전원에 빨리 반응합니다. 이 때문에 플리커(광원의 주기적인 밝기의 변화)가 나오기 쉬워지는 것입니다. 플리커가 생기기 쉬워지는 램프로는 형광등 외에 수은등, 메탈할라이드 램프, 네온관, 일부 LED 전구 등이 있습니다.

인버터 형광등은 주파수를 20~50KHz 정도로 올려 플리커가 생기는 확률을 낮게 한 것으로 가정용으로 보급하기 시작했습니다. 또, 영화용으로 사용되는 형광등 조명장치(Kino Flo)로는 250,000Hz의 인버터를 내장한 할라이드가 사용되어, 실질적으로 플리커를 제거하고 있습니다.

일반적으로 형광등은 면발광이고 부드러운 빛을 내므로 고휘도, 광범위, 원거리 조사에서는 사용되고 있지 않습니다.

3-2 HID 램프

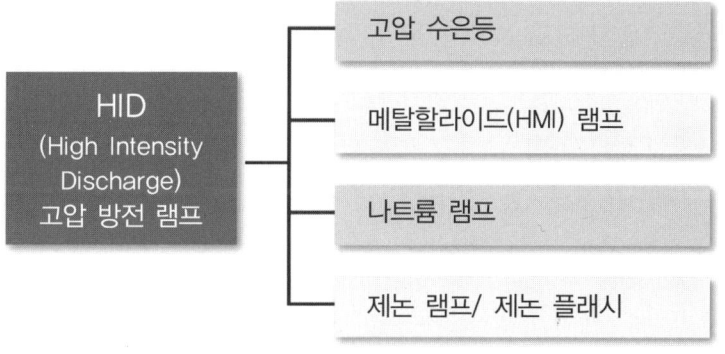

❂ 그림 3.2.1 HID의 종류

그림 3.2.1과 같이 수은등과 제논 램프, 나트륨 램프 등의 고압 방전등은 HID(High Intensity Discharge) 램프라는 총칭으로 불리고 있습니다. 이들 램프는 휘도가 높고, 발광효율이 높은 것이 특징입니다.

고압 수은등

형광등이 낮은 수은 증기압에서 발생하는 글로 방전인 것에 비하여(고압) 수은등은 아크 방전입니다. 수은등에는 두 가지의 부류가 있는데, 한 가지는 관내 압력이 낮은 1/300 기압 정도의 형광등이고, 또 한 가지는 5~20 기압의 고압 수은등입니다.

제3장 여러 가지 광원

고압 수은 램프의 시판화를 처음에 한 것은 네덜란드의 필립스사입니다. 그들의 연구팀은 아크 출력을 올리면 수은등의 발광효율이 현저하게 향상하는 것을 알고 있었기 때문에 고온에 견딜 수 있는 방전관 연구를 계속하고, 1935년에 텅스텐 전극과 그것을 덮는 석영 유리를 봉인하는 기술을 개발하여, 1936년에 필립스 HP300(상품명 Philora)으로써 판매를 개시했습니다. 이 램프는 20기압이라는 높은 증기압에서 방전을 하는 램프였습니다. 단, 출력은 75W로 낮고, 높은 출력 램프를 개발하는 데는 조금 시간이 필요했습니다. 고압 수은등의 발광 스펙트럼은 자외광(404.7nm)과 청색(435.8nm), 이에 녹색(546.1nm)과 황색(577.0~579.1nm)을 더한 4개의 휘선 스펙트럼입니다. 색상은 약간 녹색을 띤 푸르스름한 빛이 됩니다. 수은등에서는 광선이 연속 스펙트럼을 가지고 있지 않기 때문에 연색성(물건을 투영하는 색상, 태양광에 가까울수록 연색성이 좋다고 여기는 지표)이 부족한 반면,

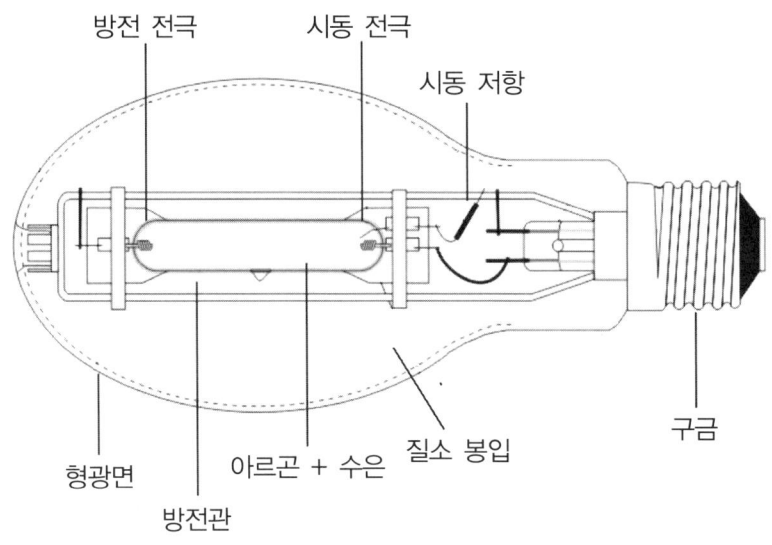

● 그림 3.2.2 고압 수은등의 구조

3-2 HID 램프

전기에너지에서 광에너지로 바꾸는 효율이 50~60lm/W(1W의 전기에너지에서 50~60lumen의 광에너지를 얻을 수 있음)로 높기 때문에 에너지 효율이 우선시 되는 가로등과 공장의 광역 조명설비, 경기장의 야간조명 설비, 오징어잡이 어선의 고기잡이 조명으로 사용되어 왔습니다.

수은등은 연색성에 문제가 있기 때문에 녹색과 황색 발광을 억제하여 자외선을 가시광으로 바꾸는 형광재를 연구하거나, 특수한 분광투과율을 가진 유리 엔벨로프(Envelop)를 사용한 것을 연구하고 있습니다. 단, 이 경우에는 발광효율이 15% 저하됩니다. 이런 수은등은 40W에서 2,000W까지 만들어져 있습니다.

고압 수은등은 공공용 광역조명으로써는 효과적이지만, 영상을 취급하는 분야에서는 그다지 사용되고 있지 않습니다. 그 이유는 다음과 같습니다.

(1) 연색성이 나쁘다.
(2) 점등시 및 재시동시에 시간이 걸린다.
(3) 방전관 때문에 플리커 발광을 한다.

수은등은 시동을 위한 전용 안정기를 필요로 합니다. 이 램프에서 사용하는 수은은 형광등과 같이 상온에서 조금 떠다니는 수은 증기를 사용한 저압방전이 아니라, 열(아크 방전)에 의해 수은을 완전히 기체로 만들어 1~20 기압의 증기압으로 하여 방전을 하기 위해 시동하는데 시간이 걸립니다. 보통 5~7분 정도 필요합니다. 또, 대부분의 안정기는 증기압이 높아진 수은등을 순식간에 재점등할 수 없으므로 수은등이 식을 때까지 기다렸다가 다시 점등하고 있습니다. 최근 HID 램프는 이런 불편을 해소시킨 안정기를 개발하고 있습니다.

UHP 램프

UHP(Ultra High Performance/Pressure) 램프는 1997년에 등장한 가장 새로운 수은등입니다. 액정 프로젝터와 DLP(Digital Light Processing) 프로젝터용 램프로써 각광을 받고 있습니다. UHP 램프는 이름으로 알 수 있듯이 초고압 수은 증기 속에서의 발광을 촉진하는 것으로 방전광은 태양광에 가까워져 발광 효율도 향상되었습니다. 그런 발상은 옛날부터 있었던 것이고 실용화되는 길은 멀고, 1998년에 네덜란드의 필립스사의 피셔(Hanns Fischer)가 처음으로 상품화했습니다.

이 램프는 밸브 내의 압력이 약 200기압이고, 0.7mm라는 작은 전극 사이에서 방전을 일으키고 있습니다. 이 짧은 방전 길이에서 120W의 전력을 소비하고 있습니다. 따라서 전극 방전은 플라스마 발광에 가까운 고온이 되기 때문에 발광 스펙트럼이 연속상태가 됩니다. 석영 유리 내면은 1,000℃ 정도가 됩니다. 플라스마 상태의 발광 휘도는 1G cd/m^2(1기가 칸델라 1평방미터당)에도 달한다고 합니다. 발광효율도 60lm/W로 매우 효율이 좋은 것으로 되어 있고, 램프 수명도 2,000~4,000시간으로 양호한 수치로 되어

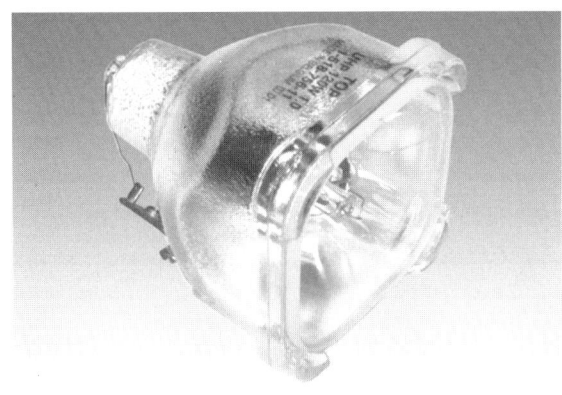

◉ 그림 3.2.3 UHP 램프 UHP 120W   사진제공 : 주식회사 필립스 일렉트로닉스 재팬

있습니다. 1일 3시간 정도, 주 3일 정도 사용하는 액정 프로젝터에서는 6년 정도 사용할 수 있을 것으로 내다보고 있습니다.

이런 특징은 고휘도 점광원을 요구하는 액정 프로젝터나 DLP 프로젝터에 가장 적합했기 때문에 급속하게 보급되었습니다. 액정 프로젝터에서는 20mm×10mm 정도의 액정부에 균일한 빛을 쐬주어야 합니다. 점광원은 그런 광학설계의 요구를 만족시키는 중요한 요소가 되는 것입니다. 또, 연색성도 Ra65로 상당부분 개선되었습니다. 수은등은 본래 연색성이 좋지 않은 광원입니다. 그것을 200기압이라는 고압 하에서 발광시킴에 따라 연색성을 개선할 수 있었습니다.

이제까지 수은등의 연색성 개선은 다른 금속과 희토류 원소를 봉입하여 적색영역을 보충하는 발색의 개선 방법과 수은등 관내에 적색을 발색하는 형광재를 도포하는 방법을 사용해왔습니다. 물론, 수은 증기압을 올리는 것도 연속 스펙트럼을 발생시키는 방법 중 하나였습니다. 20기압 정도까지의 고압수은등은 1950년대보다 많이 시판화되고 가로등과 공장의 조명기구, 운동경기장에서 사용되어 왔습니다. 하지만 200기압의 고압을 이용한 수은등은 제조기술이 어렵고, 수랭 설비를 설치한 것 등의 특수한 방법 이외로는 사용되지 않았습니다. 그것이 우리들 주변에 있는 액정 프로젝터와 DLP 프로젝터의 광원으로 사용하게 된 것은 크게 놀랄만한 일입니다.

 ## 메탈 할라이드(HMI) 램프

메탈 할라이드 램프는 액정 프로젝터 램프와 자동차의 고휘도 램프, 가로등의 조명 램프로써 최근 25년도 안 되어 널리 보급되었습니다. 이 램프는 고압 수은등의 일종으로 비슷한 특성을 가지고 있습니다만 수은등보다는 연

제3장 여러 가지 광원

색성(색이 보이는 상태가 태양광에 가까운 것)이 좋다는 특징을 가지고 있었기 때문에 수은등을 대체하게 되었습니다. 메탈할라이드 램프는 HMI 램프라고도 불리고 있습니다. HMI는 독일 오스람사의 등록상표 램프이고, 다음 세 가지의 앞글자를 나열한 것입니다.

H = 수은 Hydrargyrum(그리스어)
M = 중간 정도의 아크장(Medium Length Arc)
I = 요오드 화합물 첨가(Iodide additives)

메탈할라이드 램프는 수은등의 효율의 장점을 유지하면서 수은 램프의 발광관 속에 할로겐화 금속(TiI, SnI_2, NaI, InI, DyI_3 등)을 봉입하여, 연색성을 개선한 램프입니다.

1959년에 미국 GE사에서 메탈할라이드 램프를 개발하기 시작했습니다. 이 개발의 중심 인물이 GE사 스키넥터디 연구소(Schenectaday Research Lab)의 레일링(Gilbert H. Reiling)이었습니다. 그는 수은 램프의 발광관 속에 나트륨, 탈륨 및 인듐의 요오드화합물을 첨가 봉입하자 램프 수명은 줄지 않고 광색과 연색성이 둘 다 대폭으로 향상되는 것을 발견하여 1961년에 특허를 취득하고 1962년에 발매하기 시작했습니다.

메탈할라이드 램프는 250W 정도의 소형 램프부터 18kW 정도의 큰 것까지 있고, 액정 프로젝터용 광원, 영화 촬영용 조명장치, 자동차 안전 실험 고속 카메라용 조명장치, 자동차 헤드램프(HID 램프)로써 1980년대 후반부터 급속하게 수요가 증가하고 있습니다.

메탈할라이드 램프는 연색성이 매우 좋기 때문에 도료의 색합성시 색 결정을 위한 조명광원으로 이용하는 경우도 있습니다. 또, 발광효율이 80lm/W로 높기 때문에 필요 조도를 얻기 위한 부차적인 열의 발생을 억제하여 결과적으로는 램프의 개수 및 소비전력을 억제할 수 있습니다.

3-2 HID 램프

메탈할라이드 램프는 수은등의 일종이기 때문에 교류방전이고, 그 때문에 형광등과 같이 플리커가 나오기 쉬운 특성을 가지고 있습니다. 직류 점등은 할 수 없습니다. 형광등과 같은 이유이고 방전등의 부하특성을 따릅니다. 최근 플리커가 나오지 않는 전원(밸러스트)을 개발하여 대부분의 램프가 이를 채용했습니다. 이 플리커 프리 밸러스트는 기본적으로는 교류전원을 램프에 공급하는 것이지만 파형이 사인파가 아닌 구형파이기 때문에 방전이 순간적으로 바뀌어, 외관상으로는(포트 다이오드로 측정하더라도) 연속 점등하고 있는 것과 같이 보입니다. 이러한 밸러스트는 고가입니다.

메탈할라이드 램프는 점등에 고압을 필요로 하고, 봉입된 금속이 증기가 될 때까지 시간이 걸립니다(보통 2~3분 정도). 그런데다 점등 후에 다시 점등할 때, 밸러스트에 따라서는 재점등하는데 시간이 걸리는 것도 있습니다. 메탈할라이드 램프는 방전등이고, 방전관이 고압방전으로 자외선도 나오기 때문에 방전관을 램프하우스로 덮고, 자외선 차단 보호 유리를 착용하여 사용해야 합니다.

▌오징어잡이배의 집어등

오징어잡이는 밤에 이루어집니다. 오징어잡이배에는 많은 집어등이 설치되어 있습니다. 집어등으로 사용되는 램프는 메탈할라이드 램프와 수은등, 텅스텐 할로겐 램프 등으로 파란색에 오징어가 잘 모이기 때문에 고가이더라도 효율이 좋은 메탈할라이드 램프를 사용하는 경우가 많습니다. 하지만 그 램프의 소비전력은 매우 커서, 한 척당 전등의 소비전력은 180kW라 합니다. 1kW의 램프라면 180개를 점등하고 있는 것과 같습니다. 이만큼의 램프를 구입하는 것도 힘들고 이를 점등시키기 위한 발전기를 구입하는 것도 힘듭니다. 이 발전기를 돌리기 위한 디젤엔진도 500마력 정도가 필요합니다

제3장 여러 가지 광원

(180kW는 마력으로 환산하면 250마력이므로, 그 두 배 정도의 디젤엔진이 필요). 많은 화석연료를 소비하는 것과 밤하늘에 쓸데없이 방사되는 집어등의 공해로부터 램프를 발광다이오드로 바꾸는 시험도 이루어지고 있습니다.

청색 고휘도 발광다이오드의 효율이 좋은 발광에 착안하여, 2000년 초에는 30,000개의 LED를 설치한 집어등을 개발하여, 오징어잡이배에서의 평가가 시작되고 있습니다. 집어등을 LED로 바꾸면 소비전력이 기존의 1/250이 되고, 밤하늘에 쓸데없이 방사되는 빛도 억제할 수 있다는 것입니다. 또, 소비전력도 물론이지만 집어등이 LED가 되면 중량도 가벼워지고 램프 자체도 잘 깨지지 않고, 수명도 늘어나기 때문에 유지 비용은 격감할 것입니다.

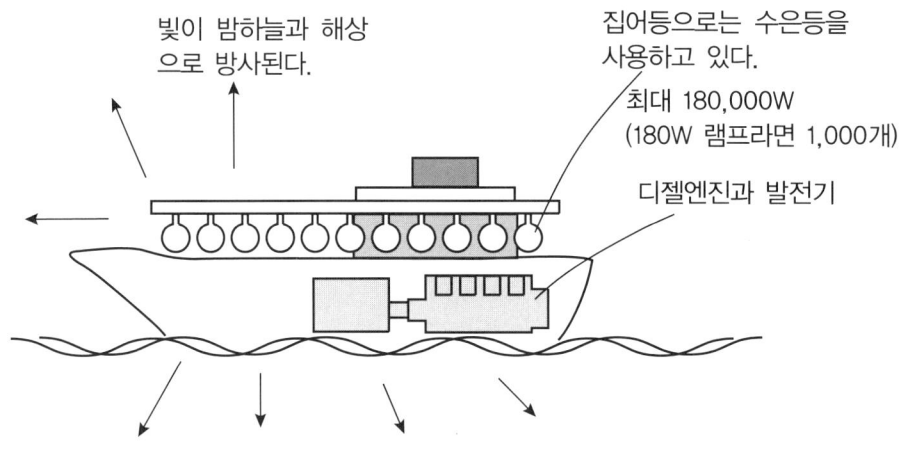

○ 그림 3.2.4 오징어잡이배의 집어등

3-2 HID 램프

나트륨 램프

나트륨 램프는 나트륨 증기의 방전발광을 이용한 방전관입니다. 나트륨의 방전은 D선(파장 589.0nm 및 589.6nm)이라 불리는 황색의 휘선 스펙트럼이 강하게 방사되어 나트륨의 증기압을 올리는 것에 따라 스펙트럼이 가시영역 전체로 퍼져 황백색의 띠스펙트럼이 됩니다. 발광효율이 80~180lm/W로 램프 중에서 가장 고효율이기 때문에 수은등과 같이 가로등, 광역 조명 설비에 사용되고 있습니다.

나트륨 램프로 비춘 터널 안

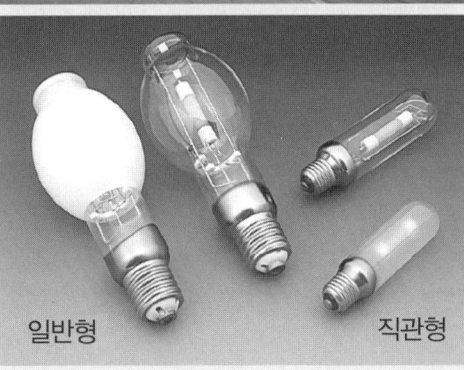

일반형 직관형

각종 나트륨 램프 취급하기 쉽도록 에디슨 구금으로 되어 있다.

● 그림 3.2.5 나트륨 램프를 이용한 사례   사진제공 : 히타치 아프라이안스 주식회사

제3장 여러 가지 광원

　　나트륨 램프는 발광효율이 매우 좋다는 점이 일찍이 알려져 있었습니다. 진작부터 인정하고 있었습니다만 금속 나트륨은 취급하기가 어렵고, 위험하기도 하기 때문에 고온에서 나트륨에 견디는 재료가 개발될 때까지 실용화가 어려운 일이었습니다. 나트륨을 단체(單體)로 분리하면 활성이 강하기 때문에 이온화되기 쉽고, 융점(97.81℃), 비점(882.9℃)이 낮은 금속이기에 금속증기가 전자를 받으면 쉽게 여기되어 빛을 방출합니다. 또, 금속 나트륨은 물과 격하게 반응하기 때문에 나트륨 램프는 충분한 안전을 고려한 다음에서야 겨우 완성되었습니다.

　　나트륨 램프가 실제로 보급된 것은 1960년대부터입니다. 저압 나트륨 램프는 색을 구별할 수 없는 등 연색성이 좋지 않으므로 나트륨의 증기압을 올려, 연색성을 좋게 하는 연구가 이루어졌습니다. 고온고압에 견딜 수 있는 반투명 세라믹관을 이용한 고압 나트륨 램프를 1961년에 GE(제너럴 일렉트릭)사가 발표하고, 수없이 개량한 후 고효율 광원으로써 확고한 위치를 쌓아올릴 수 있게 되었습니다.

　　미국, 유럽에서는 고속도로, 일반도로의 가로등이 모두 나트륨 램프로 되어있다는 점은 정말 놀랄만한 일입니다. 국민성의 차이일까요? 일본에서는 24시간 동안 점등하고 있는 터널 안과 안개가 발생하기 쉬운 고텐바(御殿場) 주변의 산장(山場)에 나트륨 램프가 사용되고 있습니다. 그런 장소 이외에서는 수은등과 메탈할라이드 램프를 많이 사용하고 있다는 것을 알 수 있습니다.

　　터널 안과 안개가 발생하기 쉬운 장소에 나트륨 램프를 사용하는 것은 나트륨 램프의 발광파장이 590nm과 가시영역에서는 비교적 긴 파장이기 때문에 배기가스 속의 매연의 입자에 따른 빛의 산란, 흡수가 적고 공기 중에서 빛의 투과가 뛰어나 먼 곳에서의 시인성이 좋기 때문이라고 합니다.

180~940W 정도가 많이 사용되고 있습니다. 360W의 고압나트륨 램프가 전광속 50,000lumen으로, 24,000시간의 수명을 가지고 있습니다. 이 수치는 직관형 형광등 40W형(백색)과 비교하면 약 17배의 밝기를 가지고, 또, 2배의 수명을 가지고 있는 것이 됩니다. 수명이 24,000시간이라는 것은 저녁 6시부터 다음날 아침 6시까지 12시간 점등했다고 치면 2,000일(약 5년 반)마다 교환이 필요하다고 할 수 있습니다. 단, 터널 안에서는 24시간 연속 점등하기 때문에 1,000일(약 2년 7개월)마다 교환해야 합니다.

영상 기록 분야에서는 나트륨 램프의 이용 가치는 그다지 많지 않습니다. 렌즈를 만들 때에는 평면성을 검사하기 위해 옵티컬 플랫(optical flat)이라 불리는 광학 평면유리와 D선을 발하는(저압) 나트륨 램프를 이용하여 제작 렌즈의 완성된 모양을 검사하고 있습니다.

제논 램프

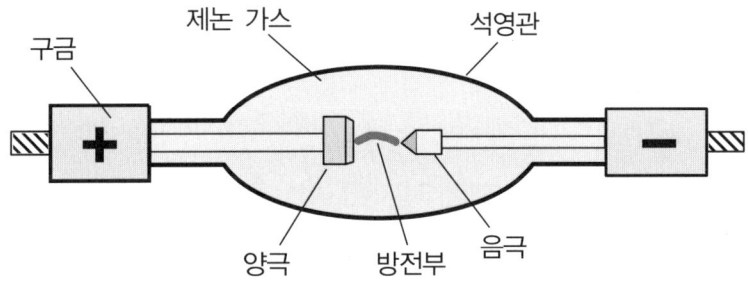

제논 램프는 석영관 속에 제논 가스를 봉입하고, 이에 전극을 배치하여 고전압을 걸어 기체 아크 방전을 촉진시켜, 방전에 의한 발광을 촉진하는 것입니다.

⊙ 그림 3.2.6 쇼트 아크제 제논 램프

석영 유리관 속에 제논 가스를 봉입하여 방전을 일으키면 자외에서 적외에 걸쳐 태양광 스펙트럼에 근사한 발광(색온도 5,000~6,000K)을 얻을 수 있습니다. 아크 방전이기 때문에 점광원(휘도 $107cd/m^2$)으로 만들기 쉽고, 게다가 고휘도이기 때문에 영상 기록의 관점, 특히 고속 카메라 촬영용 광원, 극장용 필름 영사기용 램프로는 가장 적합한 광원이라 할 수 있습니다. 램프를 점등시킬 때에는 제논 가스가 봉입된 전극 사이에서 아크 방전을 일으키는 사정상, 시동시에 수 kV의 고전압이 필요하고 방전 개시 후에도 아크 방전에 필요한 전압과 전류가 필요해집니다. 제논 램프의 발광효율은 20~40lm/W로 비교적 높은 수치를 얻을 수 있습니다. 램프의 크기는 100W에서 수 kW까지이고, 광섬유 통신의 광원, 영사기의 광원, OHP의 광원, 대형 서치라이트, 모의 태양광으로 사용되고 있습니다.

제논은 비교적 무거운 불활성 가스이기 때문에 많은 전자를 가지고 있고, 그에 따라 여러 가지 빛을 방사하는 것이라 생각하고 있습니다. 제논의 발광이 태양광 발광에 가까운 점으로부터 현재에는 이상적인 백색 광원으로 간주되어, 제논 아크 램프와 플래시 램프, 스트로보 램프 등으로 많이 사용되고 있습니다.

제논 램프는 방전등으로 한 점에서 강렬한 빛이 방사되고 또, 고휘도이기 때문에 영화관의 필름 영사기의 광원으로 사용됩니다. 액정 프로젝터에는 300W 정도의 메탈할라이드(HMI) 램프가 사용되고 있었습니다만 큰 액정 프로젝터는 제논 램프가 사용됩니다. 이 사례로 봐도 제논 램프는 점광원으로써 강한 광에너지를 가지고 있다는 것을 이해할 수 있습니다. 투광기(서치라이트)를 갓길에 설치한다는 조건, 그리고 강한 광속을 효율 좋게 반사판에 입사해야 하는 응용에는 제논 아크 램프가 최선의 선택이라고 생각할 수 있습니다.

3-2 HID 램프

제논 플래시

제논 플래시는 특징이 있는 광원이므로 소개합니다. 제논 가스의 양호한 방전 특성을 이용하여 단시간 발광을 하는 광원을 제논 플래시 램프라 합니다. 제논 플래시 램프가 과학기술에 기여한 공적은 큰 것이었습니다. 일반 카메라에도 표준 설비되어 어두운 곳을 보이게 하여 기록으로 남길 수 있었습니다.

기존에 순간 광원으로써 불꽃 점화장치가 있습니다만 공기 중에 전극을 노출시켜 고전압으로 방전시키는 불꽃방전은 빛이 약해 넓은 촬영 범위를 조사하는 힘은 없었습니다. 그래서 발광을 일으키기 쉬운 기체를 밸브 속에 봉입하여 고전압을 흐르게 하여 기체방전시키는 연구가 이뤄졌습니다.

1930년대에 미국 MIT(매사추세츠 공과대학)의 해럴드 에저튼(Harold Edgerton)에 의해 안전하고 쉽게 사용할 수 있는 가스 봉입 플래시 장치가 발명되자 이것이 한 번에 주류의 자리를 차지하게 되었습니다. 초기에는 전기 플래시는 제논이 아닌 수은을 이용했습니다. 하지만 수은증기는 온도와 증기압에 따라 발광휘도와 발광시간이 균일하지 않기 때문에 적정한 노광을 얻는데 상당히 애를 먹었다고 합니다. 에저튼은 수은 대신에 희토류 원소인 아르곤을 사용한 플래시 장치를 개발하고, 최종적으로 제논을 봉입한 제논 플래시 장치로 정착하게 되었다 합니다. 제논을 이용한 것은 발광 스펙트럼이 태양광에 가깝고, 발광효율도 좋고, 또 가스의 열용량이 작기 때문에 단시간 발광(서브 마이크로초)이 가능하기 때문이었습니다. 제논 플래시의 발광 효율은 아주 높아서 약 30%입니다. 즉, 전기 입력 에너지의 약 30%가 빛으로 바뀌는 것을 의미합니다.

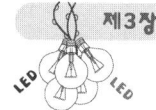
제3장 여러 가지 광원

✪ 그림 3.2.7 스트로보 상품의 예 : PF20XD

사진제공 : SEA&SEA SUNPAK 주식회사

a

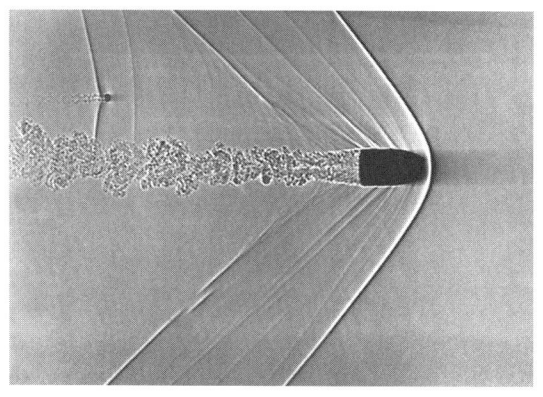

b

✪ 그림 3.2.8 제논 플래시로 촬영한 영상(a와 b)

사진제공 : Prof. Andrew Davidhazy

DSLR 카메라용인 스트로보(strobo)는 넓은 면적을 반사시키기 위해 방전 갭이 넓고, 발광시간도 약 1ms(밀리초) 정도의 발광을 가지고 있습니다.

Auto 스트로보에서는 스트로보에 설치된 포토 센서가 일정한 광량을 검지하고 있어, 일정 광량에 달하면 사이리스터에서 전기를 차단하는 회로가 내장되어 있습니다. 이 스트로보에서는 광량을 시간 조절에 의해 제어하는 방식으로 되어 있습니다.

공업용 스트로보는 0.1~10μs (마이크로초)의 발광으로 발진 주파수 300Hz 정도의 것을 자주 사용하고 있습니다.

▌ 제논 플래시의 발광원리

그림 3.2.9는 기본적인 제논 플래시의 회로도입니다. 플래시 램프는 진공관이고, 전극 간에 1/10 기압 정도의 제논 가스가 봉입되어 있습니다.

방전발광을 촉진하는 관계상, 램프의 양극(양극→음극) 간에는 고압이 걸립니다. 방전이란 절연파괴(브레이크 다운)에 의해 전기가 흐르는 현상을 말합니다. 따라서 배터리 또는 직류전원은 방전을 일으킬 만큼의 전압 E를 더해야 합니다.

충전전압(E)은 250~500V 정도의 전압이 필요합니다. 예전에는 실제로 고압 배터리를 이용했었습니다만 최근에는 DC-DC 인버터를 사용하여 6V의 건전지에서 이 전압까지 상승시킵니다. 이 전압에서 R_c 저항을 사이에 두고 콘덴서 C에 전압이 축적됩니다. 충전 저항(R_c)를 작게 하면 빠르게 충전할 수 있는 반면, 콘덴서에 대량의 전류가 흘러 들어가기 때문에 강한 콘덴서를 준비해야 합니다.

제3장 여러 가지 광원

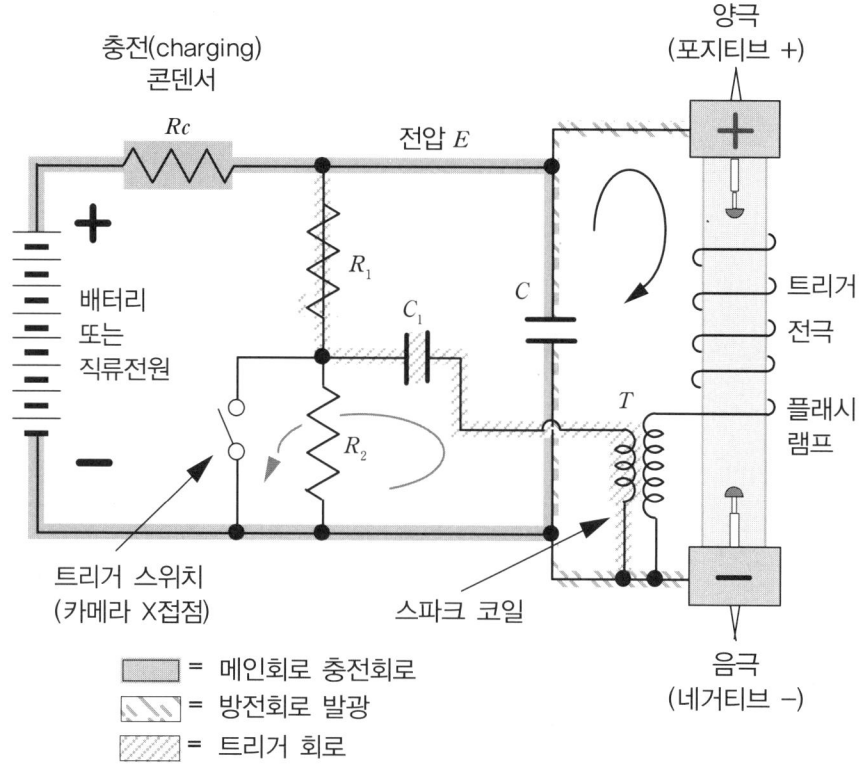

● 그림 3.2.9 제논 플래시의 기본회로도

충전전압(E)으로 축적된 콘덴서(C)의 전기량이 램프 입력 에너지가 됩니다. 에너지량은 아래의 식으로 나타냅니다.

$$램프\ 입력\ 에너지 = \frac{CE^2}{2}$$

C : 콘덴서의 용량[F : 패럿]
E : 콘덴서에 인가되는 전압

전원전압만으로는 램프의 방전을 일으킬 만큼의 힘이 없기 때문에 별도 전기회로에서 제논 가스에 트리거(고압 펄스)를 걸어 램프 방전이 쉽게 일어나게 합니다. 이것이 트리거 전극이라는 것이고, 콘덴서(C_1)에 저장된 전하를 트리거 스위치를 닫음으로 트리거 코일 T로 흐르게 하고, 이 코일로 승압된 전압이 램프의 주변을 둘러 싸듯이 흘러, 램프 내의 제논을 이온화시켜 방전이 쉽게 일어나게 합니다.

기본적으로 메인 콘덴서(C)의 용량이 클수록 전기 에너지를 많이 축적하므로 발광 에너지도 커집니다. 발광 에너지가 커지면 일반적으로 발광시간, 발광강도도 커집니다. 따라서 단시간 발광을 하고 싶은 경우에는 콘덴서 용량이 작은 것을 사용할 필요가 있습니다. 제논 플래시의 발광은 시작이 $10{\sim}30\mu s$로 되어 있는 반면, 발광 수렴은 $100\mu s$ 이상으로 길어져 있습니다. 이는 발광시에 고온이 된 제논 가스가 식지 않고 방전이 끝난 후에도 계속해서 발광하고 있기 때문입니다. 이 때문에 제논 플래시는 좌우 비대칭인 산 모양의 발광이 됩니다. 제논 플래시의 발광시간은 피크 발광의 절반 수치에서의 발광시간(반치폭 발광시간)으로 나타내고 있습니다. 이런 산 모양, 게다가 발광의 여파가 남는 제논 플래시에서는 때때로 영상이 흔들리는 경우가 있습니다.

3-3 레이저 등장 이후

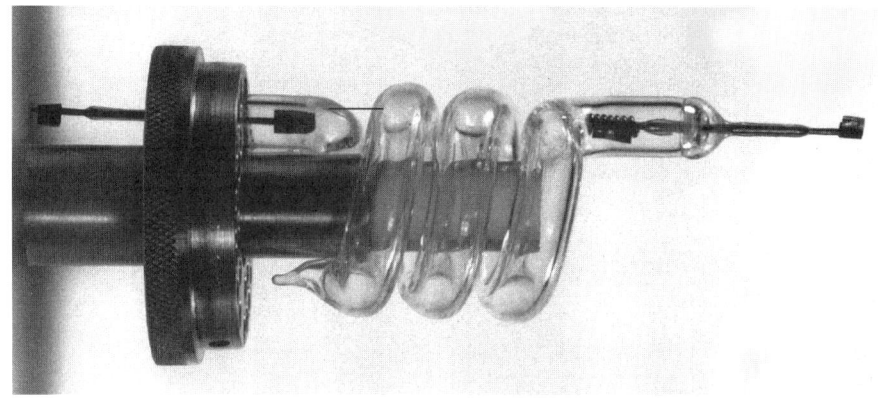

○ 그림 3.3.1 1960년에 개발된 최초의 레이저 '루비레이저'

레이저(Laser)는 인류가 발명한 가장 공이 큰 것 중 하나라고도 합니다. 레이저를 발명함에 따라 측거기술이 향상하고, 대형건조물의 제조 정밀도를 현격하게 향상시키고, 또, 시간의 정의까지 레이저로 이뤄지는 시대가 되었습니다. 발광다이오드도 레이저의 은혜를 받으면서 또, 반대로 레이저에 은혜를 주면서 진보해왔습니다. 둘 사이에는 빛이라는 공통된 기반이 있고, 또 양자발광이라는 분야에서 같은 부류입니다. 또, 레이저 중에는 반도체 레이저가 있어, 최근 반도체 레이저가 담당하는 역할이 커지고 있습니다. 그 이유는 발광다이오드의 이용 가치와 동일하게, 소형 콤팩트, 고수명, 취급이 편하기 때문입니다. 레이저는 발진(발광) 원리가 다른 광원과는 다르기 때문에 조금 깊이 파고들어가서 소개합니다.

레이저의 기본 원리

레이저의 기본 원리의 첫 번째는 빛의 공진입니다. 빛을 빛의 공진함에 넣어 발진시키기 때문에 레이저광은 강한 빛이 됩니다. 두 번째 기본 원리는 유도방출입니다. 여기상태인 어느 물질 중 기저 상태로 떨어질 때의 에너지와 같은 파장의 종자 빛을 넣어주면 일제히 에너지를 방출한다는 것입니다. 일제히 같은 파장의 빛이 방출되기 때문에 방출광은 위상이 동일하고

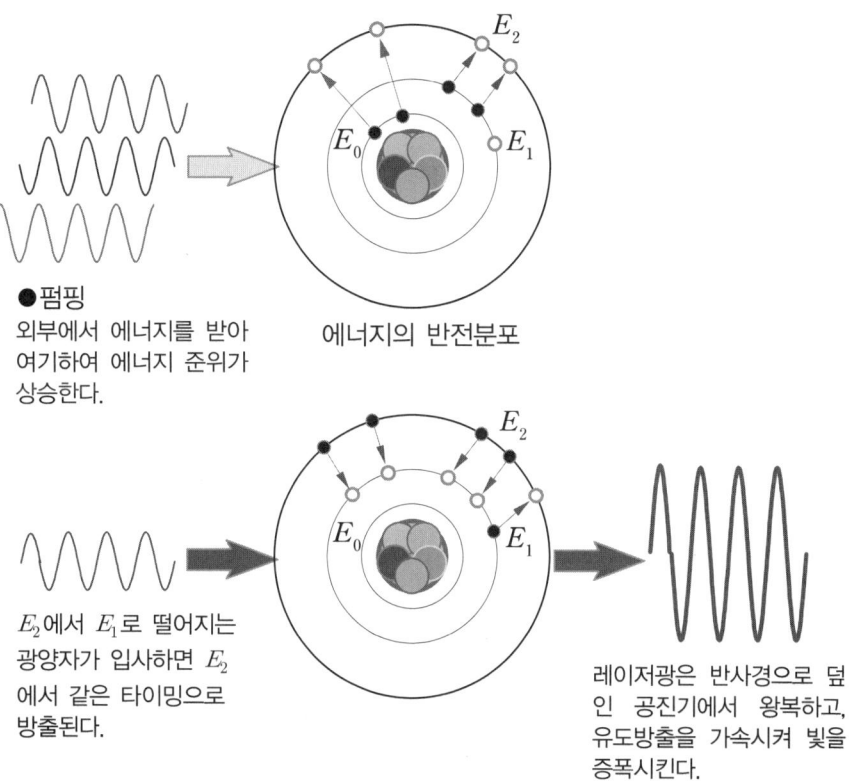

● 펌핑
외부에서 에너지를 받아 여기하여 에너지 준위가 상승한다.

에너지의 반전분포

E_2에서 E_1로 떨어지는 광양자가 입사하면 E_2에서 같은 타이밍으로 방출된다.

레이저광은 반사경으로 덮인 공진기에서 왕복하고, 유도방출을 가속시켜 빛을 증폭시킨다.

❂ 그림 3.3.2 유도방출광의 원리

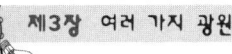
제3장 여러 가지 광원

파장이 같은 빛이 됩니다. 세 번째가 빛의 증폭입니다. 유도방출에 따라 얻은 레이저광을 종자빛으로 하여 빛의 공진함(빛의 공진을 일으키는 매질: 캐비티) 내에서 몇 번이고 왕복시켜, 레이저의 매질 내를 매번 여기상태로 유지시켜 두면 빛의 증폭이 강력하게 이뤄진다는 것입니다.

(1) 공진
(2) 유도방출
(3) 증폭

이 3가지가 레이저 발진의 기본 원리입니다. 레이저는 Light Amplification by Stimulated Emission of Radiation의 약자이고, Stimulated Emission이 유도방출이라는 의미입니다. 레이저는 유도방출광에 따라 증폭된 빛이라는 의미를 가지고 있습니다.

▌불씨로 인한 빛의 방출

유도방출이라는 것은 특정한 파장의 종자빛이 어느 조건을 갖춘 매질로 들어가면 그 종자빛에 반응하여 같은 타이밍에 같은 파장의 빛이 나온다는 것입니다. 같은 타이밍에 같은 파장의 빛이 나오므로 단일파장이고 또 위상이 동일한 빛이 방출됩니다. 이 성질을 가진 빛을 코히런트(coherent)광이라고 합니다.

종자빛이 매질로 들어왔다 하더라도 그것이 점점 자라 큰 에너지의 덩어리가 되지 않는 한 빛으로써 밖으로 나올 수가 없습니다. 종자빛이 그 매질로 들어가면 흡수도 동시에 일어납니다. 그 흡수는 매질 속에서 전자 준위를 높이는데 사용됩니다.

빛이 입사한 매질 속에서는 빛의 흡수와 동시에 준위가 높은 에너지에서 빛의 방출도 촉진됩니다. 이 때, 방출된 빛이 입사한 빛보다도 상회할 때 빛의 증폭조건이 갖춰집니다. 방출된 빛이 많아지는 데는 매질 속에 방출할 만큼의 에너지가 들어가 있어야 하고, 바꿔 말하면 에너지 준위가 높은 상태를 만들어 둬야 합니다. 요컨대 막은 댐을 무너뜨려 물을 방출하려면 우선 많은 물을 모아두어야 하고, 물을 많이 모아두지 않으면 많은 물을 방출할 수 없다는 것과 같은 이치입니다.

에너지 준위가 높아진 상태를 에너지 반전분포라 합니다. 이 상태로 만드는 것을 우물의 물을 길어 올리는 것을 보고 펌핑(pumping)이라 부르고 있습니다. 펌핑에는 다음과 같은 방법이 있습니다.

- 외부에서 여기광을 넣는 방법. 광펌핑이라 함.
- 방전으로 인한 전자 에너지를 매질 속 가스 원자에게 주어 여기를 촉진시키는 방법
- 반도체 내부의 전자 흐름에 따라 반도체의 '가전자체'에 전자를 투입시키는 방법. 전자펌핑이라 함.
- 화학반응을 이용하는 방법

빛의 증폭

입사한 종자빛과 방출된 빛의 에너지비로 증폭(게인이라고도 함)을 구할 수 있습니다. 게인이 큰 매질일수록 들어오는 종자빛에 따라 많은 동기된 빛이 나오기 때문에 발진하기 쉬운 레이저라 합니다. 그 빛을 다시 종자빛으로 사용하여 배로 늘어난 같은 빛(파장과 위상을 갖춘 빛)을 만들어 갑니다.

유도방출에 따라 생긴 빛을 다시 종자빛으로써 매질에 입사시켜 빛을 점점 증폭시키기 때문에 레이저에는 모두 광학적인 발진구조가 설치되어 있습니다.

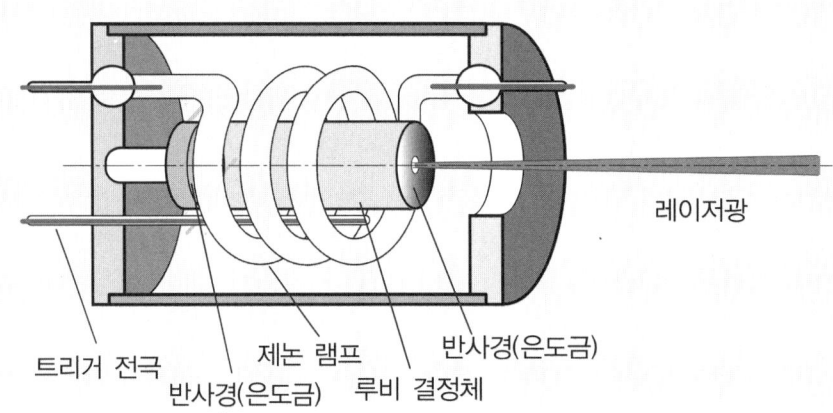

○ 그림 3.3.3 제논 플래시광 여기에 따른 루비레이저 장치

대부분의 경우, 매질의 양단부에 정밀도가 좋은 경면(鏡面)을 배치하고 있습니다. 이 거울에 의해 방출된 빛이 다시 매질(캐비티) 속으로 들어가, 더더욱 빛을 증폭시키는 것입니다. 유도방출광은 파장과 위상이 일치되어 있기 때문에 간섭성이 높은 단색광이 됩니다.

외부에서 에너지를 받아 전자가 여기하고, 그것이 불씨에 의해 원래의 상태로 되돌아올 때에 에너지를 방출하고 또, 파장이 갖춰진 에너지를 방출하는 것이 레이저이므로, 레이저가 발진하는 매질은 이 조건을 만족해야 합니다. 외부에서 에너지를 받아 특정 파장만을 방출하는 원소와 분자 또는 그런 재료를 찾는 점으로부터 레이저 개발이 이루어졌습니다. 매질의 대표적인 것으로 다음과 같은 것을 들 수 있습니다.

- 고체 레이저:
    루비레이저
    YAG(이트륨, 알루미늄, 가넷)
    유리레이저

3-3 레이저 등장 이후

- 기체 레이저:
    - 아르곤 레이저
    - 헬륨 네온 레이저
    - 석탄가스 레이저
- 금속 레이저:
    - 헬륨 카드뮴 레이저
    - 동증기 레이저
    - 금증기 레이저
- 반도체 레이저:
    - 비화갈륨 반도체 레이저
    - 파이버 레이저

반도체 레이저

반도체 레이저(Laser Diode)는 레이저 중에서도 가장 광범위하게 사용되고 있는 레이저이고, 레이저 다이오드라고도 합니다. 반도체 레이저를 사용하는 큰 이유는 소형이고 사용하기 쉽기 때문입니다. 발광다이오드와 같게 전원회로로 간편하게 사용할 수 있습니다. 반도체 레이저를 사용하고 있는 것에는 가까운 곳에서는 CD 플레이어, DVD 플레이어, 게임기, 슈퍼마켓 계산대에 있는 바코드 리더, 레이저 포인터, 레이저 측거기, 레이저 프린터, 광통신 등이 있습니다. 또, 레이저를 발진시키기 위한 여기광원으로 콤팩트하고 사용이 간편한 반도체 레이저를 사용하고 있습니다.

반도체 레이저 개발은 발광다이오드의 개발과 거의 동시진행으로 실시되어 왔습니다. 그 이유는 둘 다 사용하는 반도체 소재가 완전히 같았기 때문입니다. 그렇기 때문에 최초로 반도체 레이저를 발명한 것은 1962년이고, 이 해에는 적색 발광다이오드가 발명된 해이기도 합니다. 발진이 성공한 당시의 반도체 조성은 발광다이오느와 같은 비화갈륨(GaAs)을 사용한 호모접합이었습니다.

반도체 레이저와 발광다이오드의 차이는 소자가 레이저 발진을 하기 위한 구조로 되어 있는 점입니다. 그것은 다음 두 가지로 요약할 수 있습니다.

(1) 더블 헤테로(DH) 구조
(2) 벽개 구조

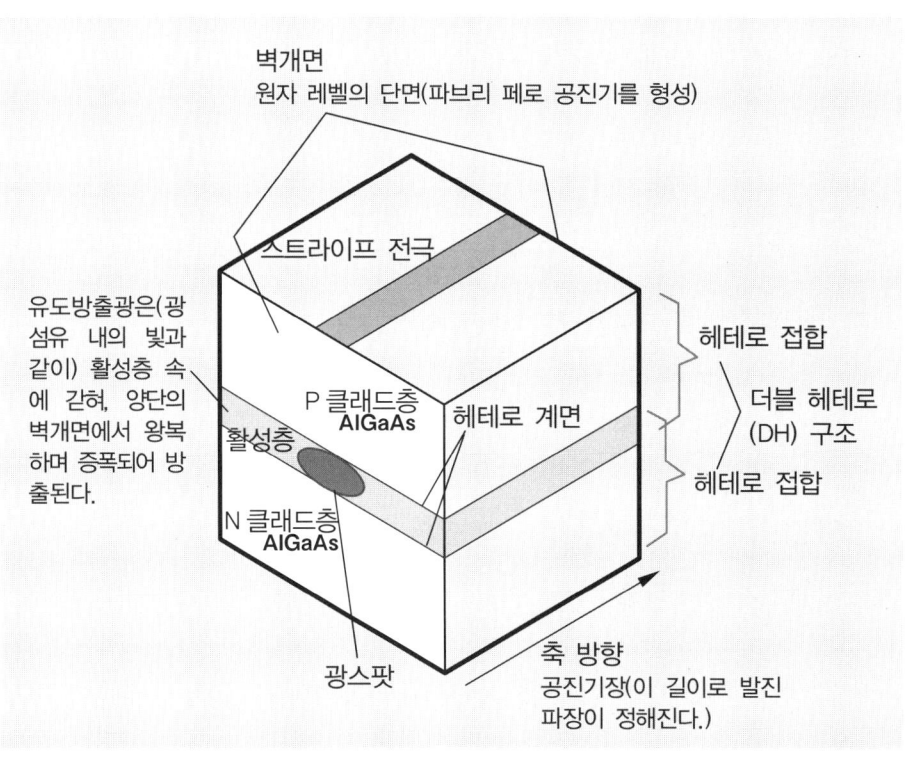

○ 그림 3.3.4 반도체 레이저의 캐비티 구조

더블 헤테로(DH) 구조의 확립이야말로 반도체 레이저를 개발할 수 있는 돌파구였습니다. 더블 헤테로 구조라는 것은 반도체의 PN 접합을 다단계로 조합한 것이고, 두 번의 헤테로 구조를 갖는 것을 사용하고 있습니다. 헤테로 접합이라는 것은 원자 레벨의 접합이고 원자 1개분을 중첩시키는 기술이라 합니다. 이 구조로 빛을 봉입하여 공진시키는 공간이 만들어지게 되었습니다.

이 구조의 반도체 레이저가 개발되기 전까지는 레이저 발진이 잘 되지 않았고, 노이즈광을 제거하기 위해 반도체 소자(비화갈륨의 호모접합소자)를 -200도(77K)로 냉각시켜야 하고 또, 연속발진이 아닌 펄스발진으로 겨우 실현할 수 있을 정도의 것이었습니다. 그것이 더블 헤테로 구조로 함에 따라 중앙부의 활성층부에서 빛을 효율 좋게 가둘 수 있게 되고, 활성층을 사이에 두고 P클래드층과 N클래드층을 충분한 거리에 둘 수 있게 되었기 때문에 N클래드층에 모인 전자가 P클래드층으로 가는 것을 방지하여, 레이저 발진에 필요한 반전분포를 만들 수 있게 되었습니다.

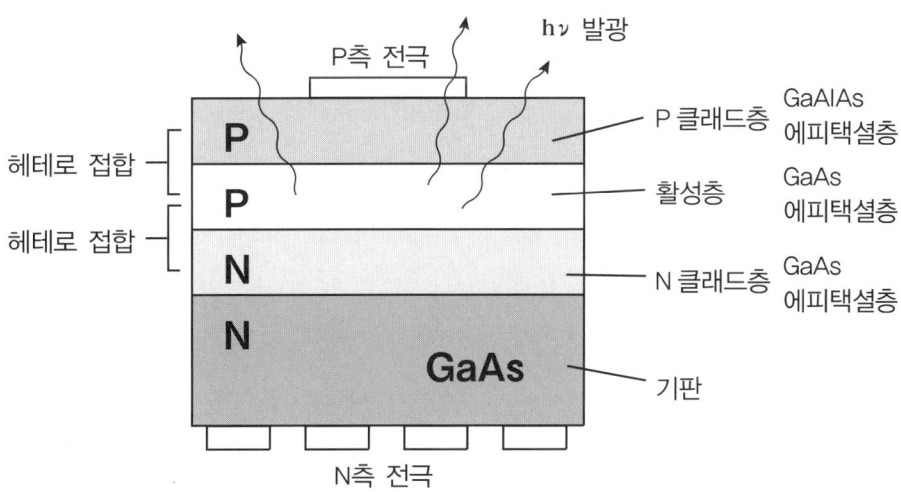

◎ 그림 3.3.5 더블 헤테로 구조

이 효과로 효율이 좋은 상온 연속 발진의 레이저가 가능하게 되었습니다. 반도체 레이저 발명으로부터 8년, DH 구조의 제창(1963년)으로부터 7년의 세월이 흐른 뒤에 DH 구조의 반도체 레이저가 발명되었습니다. 구조의 원리는 알고 있더라도 그것을 만드는 기술이 발전되지 않아, 그 개발에 많은 비용과 세월이 걸린 것입니다. 발광다이오드에서도 DH 구조인 것이 만들어져 있습니다. 이 구조가 효율이 좋고, 휘도가 높은 발광다이오드의 제작을 가능하게 하기 때문입니다.

반도체 레이저의 또 한 가지의 기술 혁신은 벽개입니다. 이것은 정밀도가 좋은 반도체 구조를 만들면 결정면을 따라 결정을 나눌 수 있고, 이 면이 경면이 되는 것입니다. 이리하여 레이저의 공진 조건인 양단면에 정밀도가 좋은 거울을 만들 수 있게 되었습니다.

X선 광원

X선은 매우 파장이 짧은 빛입니다. 그렇기 때문에 직진성이 강하고 입자적인 행동이 눈에 띄는 광원이 됩니다. X선은 자외선보다 파장이 짧고, γ(감마)선보다 긴 파장을 가지고 있습니다. 파장으로 말하면 λ=수십~0.01nm, 수백~0.1Å(옹스트롬)을 가진 빛입니다. 이 길이는 원자의 크기 정도에 상당하는 것입니다. X선은 파장이 짧기 때문에 광자에너지(hν)가 크고 직진성이 강하기 때문에 원자량이 낮은 고체 속을 투과하는 힘을 가지고 있습니다. X선이 빛이라는 것은 조금 이상하게 들릴 수 있습니다.

3-3 레이저 등장 이후

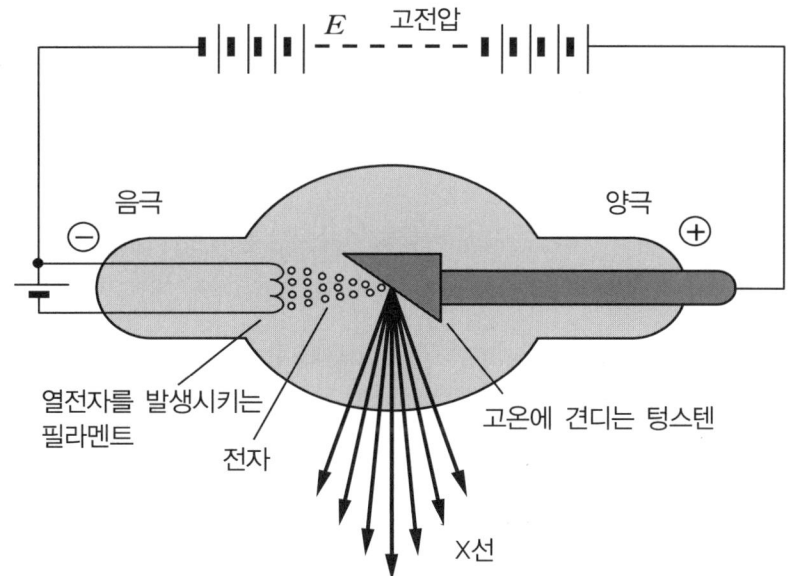

● 그림 3.3.6 GE사의 쿨리지가 개발한 X선 발생관 '쿨리지관'

X선이 발견된 당시에는 X선이 어떤 것인지 몰랐습니다. 음극선(진공 속 전자의 흐름)을 연구하고 있는 연장선에서 발견된 X선은 물체 속을 투과하여 염화은 필름에 상을 맺을 수 있는 신기한 것이었습니다.

X선을 나타내는 단위로는 파장 Å(옹스트롬)과 nm(나노미터)로 나타내기보다도 에너지량의 전자에너지인 keV(킬로 일렉트론 볼트)로 나타내는 경우가 많다고 합니다. 가시광 에너지는 수 eV 정도입니다만 X선은 수 keV가 됩니다.

전자볼트 keV와 파장 λ에는 다음과 같은 관계가 있습니다.

$$E\ [\text{keV}] \fallingdotseq \frac{1.24}{\lambda}[\text{nm}]$$

제3장 여러 가지 광원

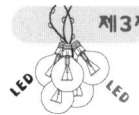

이 관계식은 X선 발생관에 전압 E를 더했을 때 타켓에 전자가 충돌하여 발생하는 X선의 최단파장 λ min을 나타내는 수치입니다. 실제로는 이보다 긴 파장이 많이 나옵니다만 이 관계식으로 X선 수치를 표현합니다.

X선을 한마디로 정의하기에는 그 범위가 넓고, 가시광의 청색에서 적색 파장의 범위보다도 더 넓은 범위를 말하는 경우가 많기 때문에 다음과 같이 4가지로 분류하고 있습니다.

(1) 초연 X선: 수십 eV ······ 자외선에 가까운 X선
(2) 연 X선: 0.1~2keV ······ 에너지가 낮고 투과성이 약한 X선
(3) X선: 2~20keV ······ 전형적인 X선
(4) 경 X선: 20~100keV ······ 에너지가 높아 투과성이 강한 X선

약한 X선이라 하는 것은 그 이름대로 투과력이 약하기 때문에 고체 내부를 통과하지 않고 반사합니다. 반대로 강한 X선은 투과 능력이 있고, 인체에 매우 위험하기 때문에 취급에 주의해야 합니다.

X선(X-ray) 발견

X선을 발견한 것은 유명한 독일 물리학자인, 뷔르츠부르크 대학의 뢴트겐(Wilhelm Konrad Roentgen)이었습니다. 그는 이 발견으로 제 1회 노벨 물리학상(1901년)을 수상했습니다.

이 발견은 진공방전으로 인한 음극선 연구를 하고 있는 연장선상에서 실시되었습니다. 당시 음극선 연구는 시작한지 별로 안 되어, 음극선이 전자의 흐름이라는 것조차 이해하지 못하고 있었습니다. 당시에는 전자의 개념이 없었던 것입니다. 1894년에 뢴트겐은 음극선에 관한 연구를 시작하였습니다. X선은 정말 우연하게, 그리고 그의 주의 깊은 관찰력으로부터 비롯된 것이었습니다. 그의 당초의 목적은 음극선을 대기중으로 뽑아내는 것이었습

니다. 그는 최초로 레나르트관을 사용하여 음극선이 대기 중으로 방출되는 것을 형광지(백금 시안화 바륨)로 확인했습니다.

다음으로 알루미늄 박막으로 생긴 창이 없는 히토르프관과 크룩스관에 대해서도 같은 시험을 실시했습니다. 이상하게도 음랭 극선이 튀어나오는

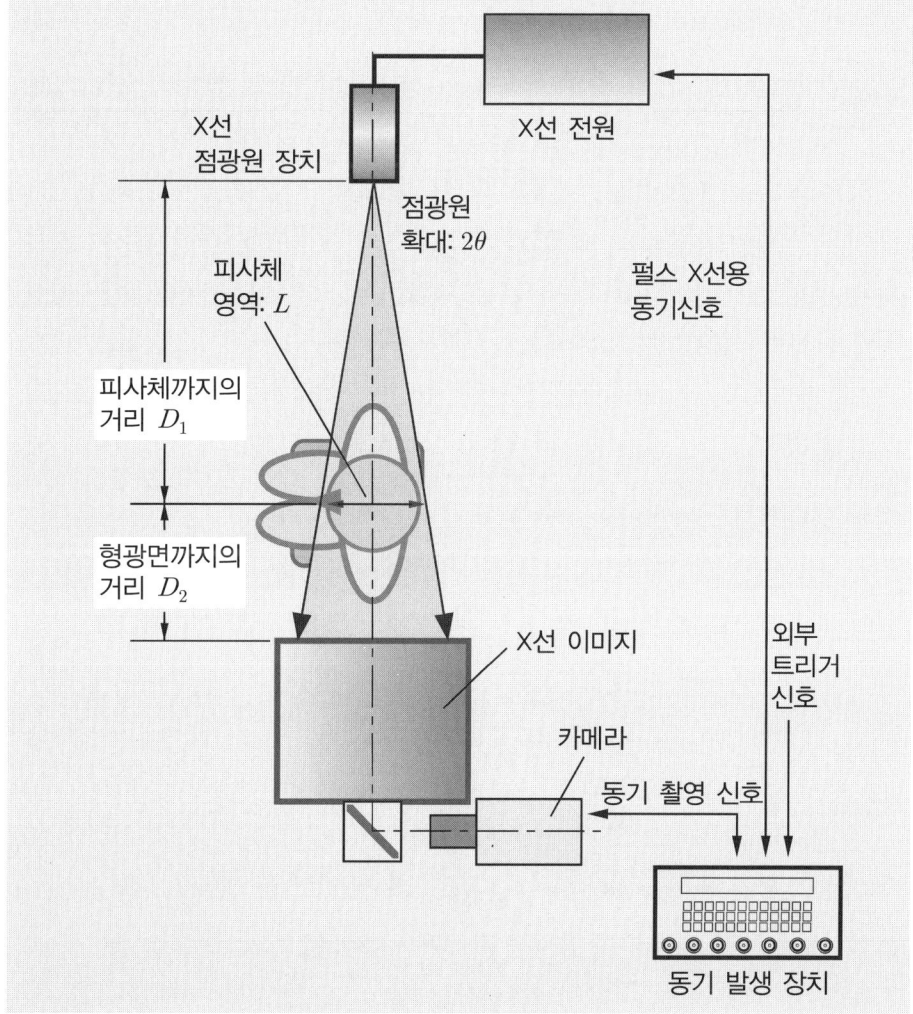

● 그림 3.3.7 뢴트겐의 원리

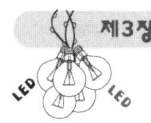
제3장 여러 가지 광원

경우가 없는 창 없는 진공관에서 그것을 검은 종이로 덮어 모든 빛을 차단해도 거기에서 눈에 보이지 않는 무언가가 방출되어, 가까운 곳에 둔 백금 시안화 바륨이 형광을 발하고 있었습니다.

뢴트겐은 레나르트와 달리 고전압 발생기를 개조하여 보다 강력한 고전압이 발생할 수 있도록 하였습니다. 놀랍게도 그가 발견한 방사선은 벽을 사이에 둔 옆방에 있는 백금 시안화 바륨 종이마저 발광시키는 힘을 가지고 있던 것입니다. 이런 발광 현상은 당시 음극선을 연구하고 있는 사람들 사이에서는 확실하진 않더라도 넌지시 인식되고 있었습니다. 뢴트겐은 그 기묘한 현상을 놓치지 않았던 것입니다. 뢴트겐 이전에 음극선을 연구하고 있던 과학자들은 옆에 놓여 있던 사진건판을 형상했을 때에 알 수 없는 형상이 찍혀 있는(흐려진) 것을 신경쓰지 않았다고 합니다. 뢴트겐은 이상한 현상을 주의 깊게 관찰하면서 신기한 현상을 해명하여 'X선'이라고 논문에 정리했습니다. 그가 재시험할 때에 가장 많이 사용한 고전압 발생장치는 당시의 무엇보다도 강력한 것이었기 때문에 이상한 현상이 현저하게 나타났다는 것은 충분히 상상할 수 있습니다.

뢴트겐은 처음에 이 방사선이 어떤 위치에 있는지를 몰랐기 때문에 수학에서 자주 사용하는 미지수를 인용, X(엑스)선이라 했습니다. 그 이상한 방사선을 더욱 자세하게 조사하기 위해 그는 연구실에 틀어박혀 1개월 반 동안 잠시도 쉬지 않고 여러 실험을 하여 방사선의 투과도와 그 특허성을 조사하여 논문으로 발표했습니다. 그 논문은 당시 과학자, 의학자, 저널리즘에 큰 센세이션을 일으켰습니다. 그의 논문에는 불가사의한 방사선(X선)이 두꺼운 목판과 1,000페이지의 두꺼운 책을 투과하는 힘을 가지고 있다는 것이 쓰여 있었고, 금속판에서는 그 힘이 약해져 0.5mm의 납에서는 그 투과 능력이 거의 없어진다고 쓰여 있었습니다. 또, 동시에 게재된 그의 부인 손뼈를 투과 촬영한 사진은 비상할 정도로 관심을 불러 일으켰다고 합니다.

그의 논문은 X선 속성에 대해서 자세히 접하고 있어, 여러 고체에 대한 투과율 외에 사진 작용을 가지고 있는 것, 대전체를 방전시키는 것, 음극선과 달리 자기장으로 구부릴 수 없다는 것, 가시광과 달리 굴절하지 않는 것이 쓰여 있었습니다. X선은 방전관이 가장 강한 형광을 발하는 부분에서 나오고 있다는 것도 밝혀냈습니다.

X선의 성질

X선은 자외선보다도 더욱 파장이 짧은 전자파이고, 그 성질은 다음과 같습니다.

- 형광물질을 빛나게 한다. (형광작용)
- 사진작용을 가지고, 염화은을 감광시킨다. (감광작용)
- 빛과 같은 직진성이 있다.
- 기체를 전리한다. (전리작용)

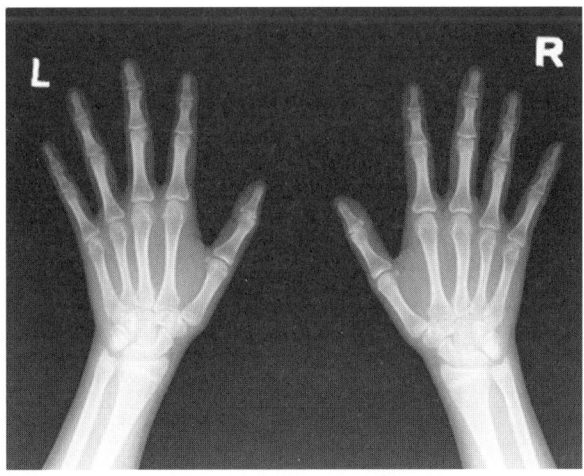

● 그림 3.3.8 **뢴트겐 영상의 예** 사진제공 : 제2 오카모토종합병원(우치시)

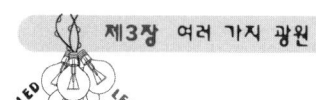

- 물질을 투과한다.(투과하는 능력은 원자량의 크기에 비례하여 약해짐)
- 투과성이 좋은 경 X선과 투과가 나쁜 연 X선이 있다.
- 대음극(양극)에서 방사되지만 방사는 수직이 아니다.(대전입자의 흐름은 아님)
- 자계와 전계에 따라 구부러지지 않는다.(대전입자의 흐름은 아님)
- 결정(結晶)에 쐬면 회절하고 간섭한다.(파장이다. 파장은 가시광보다 짧음)
- 빛과 같이 기울어지는 것을 나타낸다.(횡파임)
- 물질에 쐬면 전자가 나온다.(광전효과)
- 광자에너지가 높다.($h\nu$가 크고, 파장이 짧고 주파수가 높음)
- 세포를 파괴하는 생리작용

루미네선스 - 인광과 형광

열방사 이외로 빛을 발광하는 것을 루미네선스라 합니다. 한국어로는 '형광'이나 '인광'이라고 합니다. 형광과 인광의 차이는 발광의 지속시간에 따라 골라서 사용할 수 있다는 것입니다.

루미네선스의 종류는 다음과 같습니다. 발광다이오드도 루미네선스 속에 포함됩니다.

① 일렉트로 루미네선스(전기 루미네선스):
전계에서 자극받아 생기는 루미네선스, 발광다이오드, EL 램프 등.

② 포토 루미네선스:
형광등. 광자(X선, 자외선, 가시광선)로 여기하여 생기는 루미네선스, 텅스텐산칼슘($CaWO_4$)의 자외선 형광발광, X선에서 인광 발광.

3-3 레이저 등장 이후

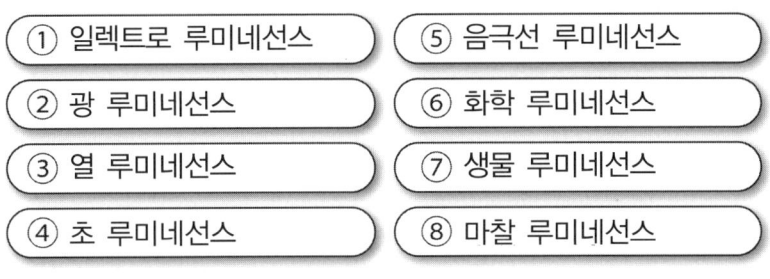

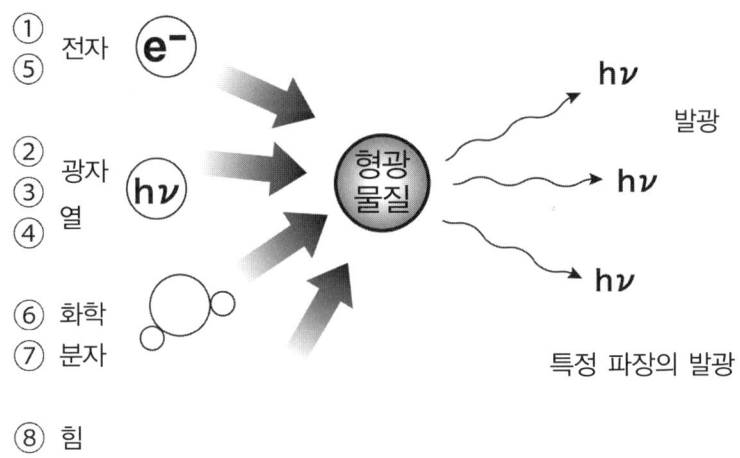

● 그림 3.3.9 루미네선스의 분류

③ 열 루미네선스:

물체를 가열시키는 경우 같은 온도의 방사체보다 강한 방사를 일으키는 현상. 산화아연(ZnO)의 청색 발광, 토륨과 세륨산화물의 백색 발광.

④ 초 루미네선스:

이른바 불꽃반응. 알칼리 금속, 알칼리토류 금속 등의 증발하기 쉬운 원소와 염기 가스염에서의 금속 증기 발광.

⑤ 음극선 루미네선스:

텔레비전(브라운관)의 형광면. 음극선으로 인한 형광체의 발광.

제3장 여러 가지 광원

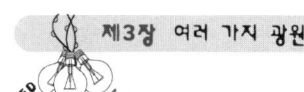

⑥ 화학 루미네선스:

화학반응에 따른 발광. 황린의 산화 발광.

⑦ 생물 루미네선스:

반딧불, 발광어류, 불똥꼴뚜기, 발광 박테리아. 여기에서 말하는 반딧불은 루시페린 물질의 루시페라아제 효소의 촉매로 물과 함께 산화하여 발광하는 현상.

⑧ 마찰 루미네선스:

결정을 분쇄할 때 결정격자의 파손 때문에 생기는 루미네선스. 얼음 사탕 분쇄시 푸르스름한 발광, 부싯돌의 발광 등.

이들 발광은 열을 동반하지 않기 때문에 효율이 좋은 빛을 얻을 수 있습니다. 하지만 유감스럽게도 우리들 일상의 어둠을 비추는 빛이 되기까지의 고휘도 발광은 생기지 않는다고 합니다. 루미네선스는 표시등으로 주로 쓰이고, 조명용으로써 강한 발광이 가능해진 것은 발광다이오드의 공이 크다고 생각합니다.

지금까지 설명한 광원과 비교할 경우 발광다이오드는 어떤 특징을 가지고 있을까요?

3-4 발광다이오드를 다른 광원과 비교한다

백열전구와 비교한다

발광다이오드는 백열전구의 분야에서 대용품처럼 개발되어 왔습니다. 발광다이오드는 표시등으로써 등장하고, 꼬마전등이 발광다이오드로 바뀌었습니다. 바뀐 큰 이유는 발광다이오드를 사용함에 따른 설계가 쉬운 것과 소자가 소형인 것, 내구성이 높은 것이었습니다.

2009년 경부터는 가정용 백열전구 대신에 LED 전구가 대두되어 왔습니다. 이 분야에서도 발광다이오드의 고출력화에 따라 백열전구에 뒤지지 않은 것이 만들어졌기 때문에 발광다이오드의 특징을 살려 상품경쟁력을 가지는데 이르게 되었습니다. 단, LED 전구가 모든 백열전구로 대신할지는 의문이고, 다음의 경우와 분야에서는 아직 백열전구가 사용되고 있을 것입니다.

- 저렴하게 사고 싶은 유저
- 단시간 사용할 유저
- 100W 이상 2kW의 대광량이 필요한 경우
- 조사거리가 5m를 넘는 무대조명
- 균형이 맞는 발광파장을 가진 광원이 필요한 경우

제3장 여러 가지 광원

형광등과 비교한다

형광등의 큰 특징은 발광 효율이 높은 것과 면광원으로써 넓은 범위의 조명에 적합한 것으로, 넓은 실내를 비추는 조명장치로써 많이 사용되고 있습니다. 발광량도 적어 발광다이오드와 비슷한 정도입니다. 형광등은 수은을 이용한 유리관 방전등이기 때문에 친환경 분야에서는 LED 전구로 바뀌고 있는 추세입니다. 형광등 분야로 LED 광원이 진출하려면 LED의 가격이 더욱 내려가야 합니다.

고압 방전등(수은등, 메탈할라이드 램프, 나트륨 램프)과 비교한다

고압 방전등(HID 램프)의 특징은 발광 효율이 좋고 고휘도라는 점입니다. 이 특징 때문에 공장 내의 조명설비, 옥외의 가로등, 스타디움의 조명등 등 장시간 점등과 조사거리를 길게 하지 않으면 안 되는 응용분야에서 사용되고 있습니다. 이 분야에 발광다이오드 조명장치를 사용하는 일은 거의 없습니다. 발광다이오드의 특성상 10m나 떨어진 위치에서 넓은 범위에서 대상물을 충분히 비추는 능력은 아직 가지고 있지 않습니다. 자동차의 헤드램프에서는 일부 LED 램프를 사용해왔습니다. 이는 꽤 먼 거리까지 빛을 비출 수 있고, 조도도 어느 정도는 확보할 수 있습니다. 하지만 이 같은 장치를 만들려면 정교하고 고가의 투영렌즈와 반사경을 사용해야 하기 때문에 가격이 높아집니다.

3-4 발광다이오드를 다른 광원과 비교한다

 레이저와 비교한다

레이저는 지향성이 강한 것과 선 폭이 좁은 발광파장, 에너지 밀도가 높고, 강한 편광성 등의 여러 특징을 가지고 있습니다. 레이저의 응용 분야를 발광다이오드로 대신하는 일은 있을 수 없습니다. 그 대신 발광다이오드와 같은 부류인 반도체 레이저가 응용의 대부분을 담당하게 되었습니다.

표 3.4.1 LED와 각 광원 비교

	백열전구	형광등	HID	반도체 레이저	LED
가격/ 출력	○	○	×	비교대상 외	△
광량	○	○	○	×	×
백색(연색성)	○	△	△	×	△
면광원(넓은 조사)	○	○	○	×	×
고휘도	×	×	○	○	×
빔 스폿	×	×	△	○	△
열	×	△	△	○	○
수명	×	△	△	○	○
부대설비(전기회로)	○	△	×	○	○
스트로보 응용	×	×	×	○	○

3-5 LED 전구는 백열전구를 대체할 수 있을까?

● 그림 3.5.1 LED 전구 제품의 예: 'LEL-AW8L' 사진제공 : 도시바 라이텍 주식회사

2009년부터 가정용 조명기구로 사용하기 시작한 발광다이오드는 향후 다른 광원을 전부 대신 할 수 있을까? 발광다이오드의 근본은 인간의 눈에 보이지 않는 적외 발광으로 시작하여 콩알만한 발광이 특기인 표시등부터 제품화 되었습니다. 현재에는 발광파장이 청색에서 자외로 늘어나고, 출력도 백색으로 소자당 5W 정도인 것이 시판되고 있습니다.

발광다이오드에서 가장 각광을 받고 있는 것이 주택 조명기구로써의 LED 전구입니다. 2009년쯤부터 시장이 급격히 활기를 띠어, 2010년에는 발광다이오드를 이용하지 않는 전구는 전구가 아니라고도 할 수 있는 세상이 되었습니다.

3-5 LED 전구는 백열전구를 대체할 수 있을까?

2010년 현재 발광다이오드 전구는 다음과 같은 문제를 가지고 있습니다. 이런 문제를 해결할 수 있다면 틀림없이 기존의 백열전구를 몰아내고 발광다이오드 전구의 시대가 올 것이라 생각됩니다.

(1) 가격

발광다이오드 전구는 아직 고가입니다. 60W 백열전구는 약 150~350엔 정도인데 발광다이오드 전구는 15~35배인 약 5,200엔 정도입니다.

(2) 열

발광다이오드는 열이 나오지 않는 것이 특징이지만 실은 꽤 발열합니다. 방열대책을 잘 하지 못하면 발광다이오드 전구의 수명은 극단적으로 짧아지게 됩니다. 조명기구에 따라서는 스스로 내는 열이 잘 빠져나가지 못해 고온상태가 되어, 전구가 손상되는 경우를 볼 수 있습니다.

(3) 빛의 질

백열전구에 비해 백색 발광다이오드는 푸른색을 띤 백색입니다. 이는 발광다이오드가 청색 다이오드를 토대로 하고 있기 때문입니다. 이를 조금 따뜻한 적색계의 백열전구로 하려면 효율이 나빠집니다. 적색 발광다이오드를 넣은 것도 그럴싸한 생각이지만 비싸집니다. 나라마다 특징일지도 모르지만 푸른 눈을 가진 서양인은 밤에 사용하는 조명으로 형광등과 같은 백색계를 좋아하지 않고, 백열전등의 온색계를 좋아하는 경향이 있습니다. 일본에서의 가정조명은 형광등이 일반적이지만 유럽에서는 일본만큼 보급되어 있지 않습니다. 눈이 푸른색이면 강한 빛은 너무 눈부시다고 합니다. 이런 점으로 보아 LED 전구를 전 세계에 보급하는 데는 온색계 백색인 것이 필요하다고 생각됩니다.

 제3장 여러 가지 광원

또, 저렴한 LED 전구는 직류회로의 비용을 억제하기 위해 전원주파수의 성분을 없애지 않은 DC 전원을 사용하고 있습니다. 이 전원에서는 LED 전원에 교류주파수 성분의 깜박거림이 나타나, 눈이 피로한 조명이 되어 버립니다.

백열전구와 형광등이 LED 전구로 바뀔 때

LED 전구는 2009년에 백열전구의 모양을 한 8.7W의 LED 램프가 등장했습니다. 이 램프는 백열형 60W와 같은 밝기의 성능을 가진 것으로 2009년 12월 시점에서의 가격은 9,500엔이었습니다. 2010년 4월 시점에서는 5,200엔 정도가 되었습니다. 액정 텔레비전에도 화면을 비추는 광원으로, 기존의 형광등에서 LED로 바꾼 제품이 나와 시장을 떠들썩하게 하기 시작했습니다. LED 광원이 시민권을 얻어 꽃피기 시작했다고 말할 수 있습니다. 하지만, LED 전구의 가격은 아직 고가입니다.

소비전력량에 대해서 기존의 백열전구와 LED 전구를 비교해 봅니다.

LED 전구의 소비전력은 같은 광량을 가진 백열전구의 1/7입니다. 둘의 가격의 차액분인 4,850엔(=5,200엔-350엔)을 회수하는 데는 어느 정도의 시간을 사용하면 좋을까요?

전력요금은 약 1kW/h당 20엔으로, 이걸로 환산하면 투자액 4,850엔은 242.5kW/h분의 전력량에 상당합니다. 이 전력량은 LED 전구를 점등함에 따라 회수할 수 있는 시간을 생각하면 4,727시간이 됩니다. 4,727시간 점등은 백열전구로

20[엔]×60[W]×4,727[h]/1,000=5,670엔

의 전기요금이 나오고, LED 전구로는

3-5 LED 전구는 백열전구를 대체할 수 있을까?

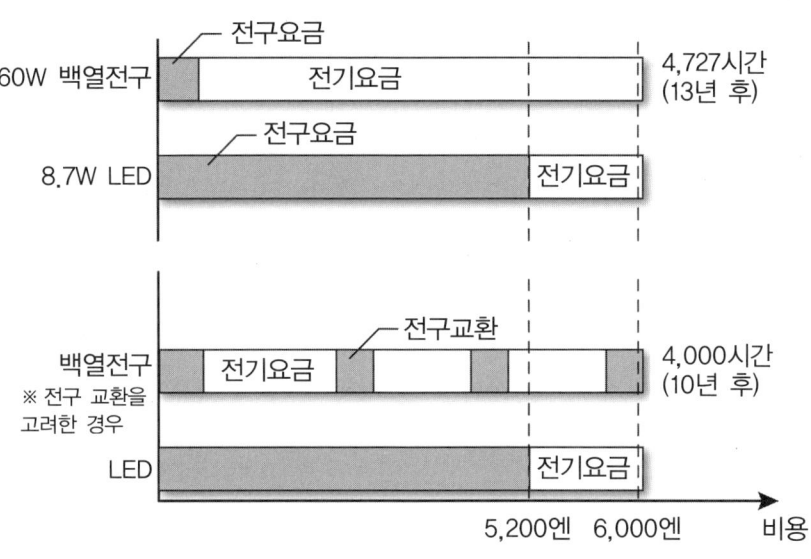

○ 그림 3.5.2 백열전구와 LED 비교

20[엔]×8.7[W]×4,727[h]/1,000=822엔

이 나옵니다. 이를 전구의 초기비용과 합치면 6,020엔이 되고, 4,727시간으로 LED 전구의 비용을 회수할 수 있습니다.

백열전구 타입은 가정의 욕실과 세면실, 화장실과 복도 등에 많이 사용하기 때문에 1일 1시간 정도 사용한다면 3년에 한 번 정도 바꿀 필요가 있습니다. 따라서 백열전구의 1,000시간인 수명을 생각해서 3년마다 교환하여 전구요금을 포함했다고 치고, 다시 계산해 보면 LED 전구로 투자한 금액은 10년 뒤까지 회수할 수 없습니다.

일반적으로 투자 효과는 1년 정도로 회수하고 싶으므로 이 관점에서 LED 전구의 가격을 내보면 720엔이 됩니다. 이 정도가 되면 백열전구를 LED로 바꿀 가치가 충분히 있습니다. 백열전구는 1년간 370엔 정도밖에 전기를 사용하고 있지 않은 것입니다. 사용시간이 적은 용도의 조명기구로서는 LED의 투자효과가 낮다고 할 수 있습니다.

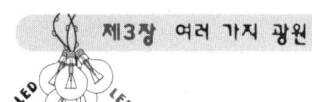

거실에서 사용하는 경우(형광등 비교)

 LED 전구와 형광등을 비교해봅시다. 형광등은 소비전력이 낮고 가격도 비교적 저렴합니다. 넓은 면적을 밝게 비추는 데는 형광등이 가장 적당하다고 합니다. 편의점에서는 많은 형광등을 사용하여 매장을 매우 밝게 비추고 있습니다. 신칸센 차내도 상당히 밝은 조명설비를 갖추고 있습니다. 이 같은 대량의 광량을 필요로 하는 공간에 LED 전구는 아직 비싸다고 할 수 있습니다.

 필자의 거실에서 30W급인 형광등을 4개, 계 116W(30+28+28+30[W]) 사용하고 있습니다. 형광등의 밝기는 백열전구의 3배이므로 거실에서 백열전구를 사용하면 348W가 필요합니다. 이를 LED 전구로 바꾸면 8.7W급인 것이 적어도 6개 필요합니다. 그런 경우, LED 전구의 가격은 31,200엔이 됩니다. 형광등은 4개에 6,000엔 정도이므로 투자의 차액은 25,200엔입니다. 이 차액을 1kW/h당 20엔의 전력요금으로 환산하면 1,260kW/h가 됩니다.

 거실은 1일 평균 10시간 점등하고 있으므로 8.7[W]×6[개]=52[W]의 저전력량을 가진 고가 LED 전구를 사용했다 치면 형광등 가격과의 차액분 회수는 2,420일, 즉 6.6년이 걸리게 됩니다.

 램프 교환을 고려해 봅니다. 형광등의 수명은 6,000시간이라고 하므로, 1일 10시간 점등하는 거실의 형광등은 1.6년(1년 7개월)마다 교환하게 됩니다. 실제로 그 정도의 빈도로 형광등을 교환하고 있습니다. 이 형광등 교환 비용을 고려하면 LED 전구로 바꾼 경우 1,371일, 즉 3.7년을 걸쳐 투자한 차액을 회수할 수 있게 됩니다.

 이 계산으로 검증하는 한 가정에서 LED 전구를 사용하더라도 투자효과

3-5 LED 전구는 백열전구를 대체할 수 있을까?

가 나오는 것이 4년 이후가 됩니다. 이 계산에 따르면 아직 LED 전구의 가격은 고가라는 것을 알 수 있습니다. 하루 종일 불을 켜놓고 있는 사무실과 공장 등에서는 LED 전구의 투자효과는 높다고 생각되지만 가정에서 사용하는 데는 아직 비싼 감이 있습니다. 가정에서 LED 광원으로 바꾸기 위해서는 가격을 1/2 정도(2,000~3,000엔)로 내릴 필요가 있습니다.

 LED 전구의 투자가치

지금까지는 금액 면에서만 LED 전구로 교환할 때의 투자효과를 생각해 왔지만 투자금액과 전력요금만으로는 환산할 수 없는 부분이 있습니다. 예를 들면 다음과 같은 경우입니다.

- 교환이 거의 없기 때문에 노인과 전기제품을 취급하기 어려운 사람에게는 가치가 있다.
- 백열전구에 비해 발열이 없기 때문에 여름철 냉방비용을 억제할 수 있다.
- 전구가 수지로 되어 있기 때문에 유리전구에 비해 깨지기 어렵고 안전하다.
- 전구 자체가 진공관일 필요가 없다. 취급이 간단하다.
- 형광등에 비해 수은을 사용하지 않기 때문에 친환경이다.
- 형광등에 비해 UV(자외광)가 나오지 않기 때문에 인체에 해롭지 않고 가구와 책, 수지 등을 노화시키지 않는다.
- 형광등에 비해 겨울철이라도 바로 점등한다. 형광등 전구는 겨울철에는 1분 정도 지나지 않으면 밝아지지 않는다.

이런 이유를 상정하고, 이 이유들로 인해 큰 투자효과를 가지는 경우일 때, LED 전구의 이점은 상당히 높다고 볼 수 있습니다.

CHAPTER 04

주변에서 사용하고 있는 발광 다이오드에 대해 알아보자

가전제품의 표시 램프와 자동 도어 센서, 바코드 리더와 교통신호등 등, 지금이야말로 발광다이오드는 우리들 생활을 지탱하는 기기에서 뺄 수 없는 부품이 되었습니다. 이 장에서는 주변에 넘쳐 있는 다이오드의 구체적인 이용 방법을 조금 자세히 알아봅니다.

4-1 일상생활 속에서 쓰이는 발광다이오드

발광다이오드는 우리 주변의 전기제품에서 많이 사용되고 있습니다. 고휘도 조명장치, 큰 홀에서의 조명장치 이외의 빛나는 것은 모두 발광다이오드라고 해도 과언이 아닙니다. 이처럼 친근한 발광다이오드의 일례를 소개합니다.

 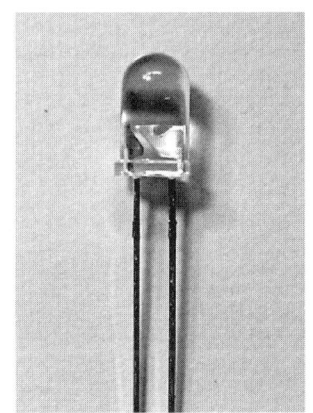

○ 그림 4.1.1 꼬마전구와 발광다이오드

전자기기의 표시 램프

발광다이오드는 꼬마전구를 대신하여 표시등으로 상품화하여 사용되기 시작했습니다. 1980년대에는 상당수가 발광다이오드 램프로 바뀌었습니다. 단, 1980년대 초에 발광다이오드는 아직 고가이고, 휘도가 높은 것도 만들

제4장 주변에서 사용하고 있는 발광다이오드에 대해 알아보자

어져 있지 않고, 적색뿐이었기 때문에 녹색과 청색, 백색등의 컬러 램프의 표시로는 백열 꼬마전구가 사용되고 있었습니다. 1990년대가 되어 청색 발광다이오드와 백색 발광다이오드가 시판화 되자 발광다이오드를 사용한 다색 표시 장치가 일반화 되었습니다.

꼬마전구에 비해 발광다이오드의 장점은 내구성이 좋다는 것입니다. 20년 전의 전기제품이라는 발광다이오드부가 망가져 점등되지 않는 경우는 없습니다. 꼬마전구라면 조금 불안한 부분입니다만 꼬마전구는 진공상태의 밸브라는 점과 필라멘트 구조이기 때문에 시간이 흐르면 진공도가 떨어지거나 필라멘트가 끊어지거나 하는 우려가 있습니다. 반면, 발광다이오드는 그런 걱정을 할 필요가 없고, 정격으로 사용하는 한 반영구적으로 사용할 수 있다는 신뢰감이 있습니다.

그림 4.1.2는 가정용 전화제품의 표시부입니다. 커버부에 표시 설명창이 있고, 커버를 벗기면 발광다이오드가 다수 배열되어 있어 조작 안내 표시부가 점등할 수 있도록 되어 있습니다. 발광다이오드는 기반에 직접 부착할 수 있다는 것도 제조상 비용면에서 유리합니다.

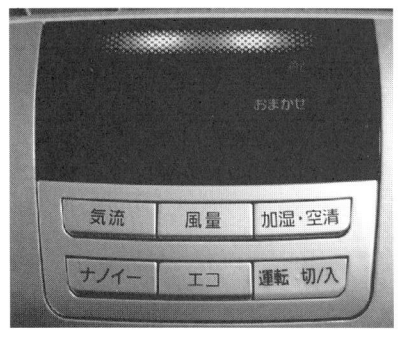
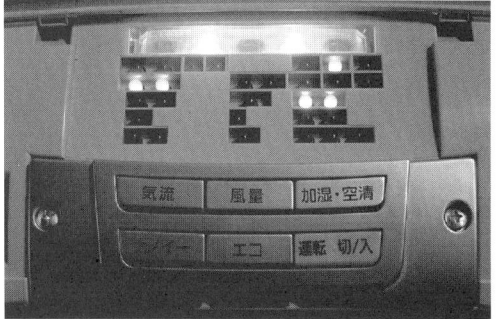

● 그림 4.1.2 가정 전화제품의 표시부(오른쪽이 커버를 벗긴 것)

4-1 일상생활 속에서 쓰이는 발광다이오드

도어 센서

건물에 들어갈 때에 문이 자동으로 열리거나, 자동판매기 등에서 물건이 바로 나오는 것은 이제 일상적인 것이 되어 버려 그다지 놀랄만한 일은 아닙니다. 자동문에는 대부분 비접촉 도어 센서가 장착되어 있고, 사람이 문에 가까이 가면 그것을 검지하여 문이 자동으로 열리게 되어 있습니다. 도어 센서에는 적외 반도체 레이저를 사용한 센서와 적외 발광다이오드를 사용한 센서, 중량을 검지하여 문을 여는 중량 센서 등이 있습니다만 최근에는 반도체 레이저 또는 발광다이오드를 사용한 광센서를 많이 볼 수 있습니다.

반도체 레이저와 발광다이오드의 선택은 투과거리와 투광면으로 결정됩니다. 발광 소자를 수 미터의 거리에서 수광 소자에 맞춰야 할 경우에는 직진성과 투사거리가 긴 반도체 레이저가 유리합니다. 또, 대상물을 포인트로 검출하는 것이 아니라, 면으로 조사하여 조사 범위의 일부에 대상물이 걸렸을 때에 그것을 검출할 경우에는 넓은 범위를 조사할 수 있는 발광다이오드가 유리합니다. 발광 소자를 세로 일렬로 나란히 하여 라인 센서로 사용하는 경우에도 발광다이오드가 유리합니다. 반면, 발광다이오드는 투사거리가 길지 않아 투광렌즈를 사용했다 치더라도 사용거리는 1m 이내가 됩니다.

위치 센서는 이동물체의 특정한 위치에 반사판이라든가 슬릿(slit), 차폐판을 설치해 두어, 이동물체가 이동하여 센서를 스칠 때에 위치를 검출하는 것입니다. 자동기계 등의 위치를 검출하는 데 자주 사용됩니다.

도어 센서, 위치 센서의 구조는 154, 162페이지에 자세히 설명되어 있습니다.

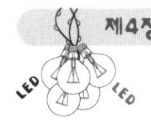

제4장 주변에서 사용하고 있는 발광다이오드에 대해 알아보자

바코드 리더

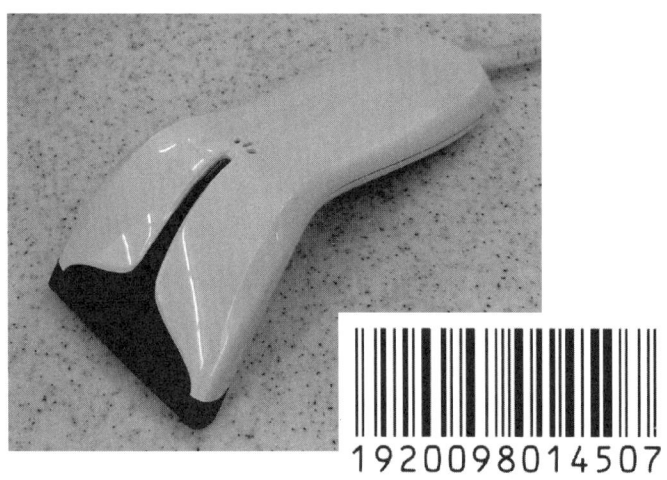

◎ 그림 4.1.3 바코드 리더(바코드 스캐너)

바코드 리더는 상품에 미리 등록해 둔 바코드를 붙여 두고, 그 바코드를 읽어 내는 장치로 읽으면 상품의 정보가 관리장치(계산대, 컴퓨터)에 반영되는 것입니다. 슈퍼와 편의점의 래지스터에서는 상품의 가격과 상품명을 일일이 치지 않고 바코드에 대는 것만으로 정보가 계산대에 반영되기 때문에 회계처리가 편리하고, 재고관리에 도움이 됩니다.

바코드 리더는 그림 4.1.3과 같은 그립(grip) 형상을 한 것이 일반적이고 펜 방식으로 덧쓰는 타입도 있습니다. 발광다이오드를 광원으로 가진 타입은 대상물에 가까이 대어(접촉~130mm·정도의 거리에서) 읽습니다. 읽는 데는 라인센서(포토 다이오드를 라인선상으로 배치한 것 또는 CCD 센서)가 사용되어 0.1mm 정도의 분해능으로 바코드를 읽습니다.

반도체 레이저 타입인 것은 광원의 직진성이 좋기 때문에 200~300mm 정도 떨어진 거리에서 바코드를 읽습니다. 반도체 레이저를 사용한 것은 바코드 리더 속에 레이저 빔을 좌우로 흔들어 바코드를 스캔하는 타입인 것이 많고, 1초 간 50회 정도 스캔하여 포트 다이오드로 바코드 정보를 읽어냅니다.

발광다이오드의 콤팩트함과 견고함, 사용하기 편리한 점이 충분히 나타나 있는 좋은 예라고도 할 수 있습니다.

손전등

발광다이오드도 해가 지날수록 고성능인 것이 나오고 있습니다. 최근에는 5W의 백색 LED가 나왔습니다. 1개의 LED에서 5W라는 것은 경이로운 일입니다. 이는 건전지 3개를 연결하여 상시 1.1A의 전류가 흐른다는 계산입니다. 필자가 고휘도 휴대 LED를 테스트한 것이 2002년이었습니다. 당시 LED에서도 발광강도가 강한 라이트가 가능했던 것으로 매우 신선한 기분이 들었던 것을 기억하고 있습니다.

■ 고휘도 휴대용 LED 라이트

그림 4.1.4는 LED를 사용한 휴대용 라이트(2005년)입니다. 이 라이트에는 미국 루미레즈사의 백색 LED 3W(Luxeon)가 사용되고 있고, 소형 알칼리 건전지 3개로 점등합니다. LED 자체의 수명은 켜 둔 채로 50,000시간(5년 미만)이라는 긴 수명입니다. 조도를 측정해보니 조사거리 50cm에서 중심조도 1,900lux, 반치폭은 ϕ10cm(900lux당)이었습니다. 조사거리를 25cm로 가까이 하자 조도는 7,000lux가 되었습니다.

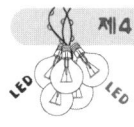

제4장 주변에서 사용하고 있는 발광다이오드에 대해 알아보자

❂ 그림 4.1.4 휴대용 LED 라이트

실제로 점등해보면 밝기는 충분하고, 멀리(5~10m 정도)까지 양호한 밝기를 확보할 수 있었습니다. 5m에서 10m 정도를 밝게 조사할 수 있다는 것은 휴대용 램프로는 나무랄 데 없는 것입니다. 소형이고 강한 광원 용도는 필자와 같은 현장 작업자에게 있어서 유효한 도구가 될 수 있습니다. 하지만 이 점광원은 광도가 매우 강하기 때문에 라이트를 정면으로 보면 눈이 부십니다. 조금 더 부드럽고 넓은 범위를 조사하고 싶다는 목적에는 적절하지 않을 지도 모릅니다. 특히 어두운 곳에서 작업을 할 때에는 동공이 열려 있으므로 강한 빛이 들어오면 눈이 부셔서 회복하는데 조금 시간이 걸립니다.

라이트 헤드의 발열에 관해서는 그림 4.1.4의 라이트는 3W이므로 라이트 헤드가 뜨거워질까하고 생각했지만 5분 연속 점등해도 그 정도로 뜨거워지지 않았습니다. 배터리는 통상 알칼리 소형전지를 사용하여 직렬접속 전용 홀더에 넣어 사용합니다. 고가인 리튬 배터리가 아니므로 안심하고 사용할 수 있습니다.

4-1 일상생활 속에서 쓰이는 발광다이오드

안내 표시판

신칸센 플랫폼과 공항의 안내 표시판을 보면 고휘도 발광다이오드로 만들어진 표시판이고, 자세한 정보 안내가 각각 표시되어 있는 것을 볼 수 있습니다. 컴퓨터와 연동한 이 같은 표시 방법은 도트 매트릭스에 따른 고휘도 발광다이오드에서의 이용이 가능해진 것에 불과합니다.

1990년대 초의 LED 소자를 이용한 안내 표시는 오렌지색의 단색인 것으로 가타카나 표시였습니다. 휘도도 높지 않았기 때문에 밖에서 사용하는 것은 불가능했습니다. 하지만 1990년대가 되어 고휘도 발광다이오드의 개발에 성공하자 이를 사용하여 밝은 곳에서의 표시가 가능해졌습니다. 현재 LED 표시는 24×24 도트에 따른 매트릭스 방식을 채용하고 있습니다. 이 도트 표시는 컴퓨터 문자 표시와 같고, 매끄러운 한자 표시를 가능하게 합니다.

◎ 그림 4.1.5 공항의 전자 안내판

제4장 주변에서 사용하고 있는 발광다이오드에 대해 알아보자

　이들 매트릭스 표시는 컴퓨터와 연동하여 컴퓨터에서 만들어진 표시화면이 전송되고 있습니다. 시시각각 표시 안내가 가능해졌습니다.

　도시부의 번화가를 걸으면 빌딩의 벽면에 대형 비디오 디스플레이가 설치되어 있고, 선명한 색과 화질의 영상에 눈길이 끌리게 됩니다. 기존에는 네온사인이 길거리 광고의 대명사였는데 2010년이 되어서는 고휘도 LED를 사용한 고화소 대형 디스플레이의 인기가 높아졌습니다. 네온사인은 밤에만 효과가 있지만 고휘도 LED에 따른 대형 디스플레이는 낮에도 표시할 수 있습니다. 대형 디스플레이에 사용되는 LED는 RGB 3색의 LED가 일체가 된 모듈로 되어 있고, 그 크기(화소 피치에 상당)는 3mm, 4mm, 6mm, 10mm, 15mm의 5종류가 있고, 실내 디스플레이 장치는 3mm 피치 모듈이 사용되고, 옥외 대형 디스플레이로는 15mm 피치인 것이 사용됩니다. 15mm 피치 모듈로 풀 하이비전 화면을 구축하면 화면 사이즈만 28.8m가 됩니다. 역시 이만큼 큰 공간에 설치할 수 있는 곳은 한정되어 있고, 전력도 상당히 많이 듭니다.

　야외에 설치하는 대형 디스플레이의 일반적인 것은 15mm 피치 모듈을 사용한 384화소(H)×512화소(W)인 것으로, 이 화소수로도 화면 사이즈는 5.8m(H)×7.7m(W)가 됩니다. 이 디스플레이로 소비되는 전력은 38kW이고, 일반 가정용 20W 형광등의 1,900개 분량에 상당합니다. 옥외 대형 디스플레이는 LED를 사용했다 치더라도 이만큼의 전력을 필요로 하는 것입니다. 이 전력도 사용하는 모듈 수(196,608개)로 나누면 1 모듈당 0.19W가 됩니다.

　이 대형 디스플레이 장치는 휘도가 5,000nt이고, 이를 조도환산하면 90,000lux의 조도에서의 회색체를 가진 밝기가 되고, 낮에 야외에서도 디스플레이를 충분히 인식할 수 있는 밝기라 할 수 있습니다. 38kW의 소비전력은 낮의 가장 밝은 상태에서 디스플레이를 하는 경우에 소비되는 전력으로, 밤의 경우에는 10~20%의 전력으로 표시하고 있습니다. 밝기를 임의로 조절할 수 있는 것도 발광다이오드를 사용한 표시 방법이기 때문입니다.

⊙ 그림 4.1.6 옥외 대형 디스플레이의 예: 시부야역 교차점

 교통신호기

교통신호기는 이전의 60W 백열전구 대신에 발광다이오드를 채용하고 있습니다. 2010년 시점에서는 도쿄 도시 내의 보급률은 60% 정도로 되어 있고, 예산이 잘 맞아서 서서히 발광다이오드형 교통신호기로 바뀌고 있다고 생각할 수 있습니다.

발광다이오드를 사용한 교통신호기의 큰 특징은 시인성이 좋은 점입니다. 저녁에는 특히 밝아 먼 곳에서도 잘 보입니다. 주위의 밝기는 밤과 낮은 당연히 다르기 때문에 라이트의 휘도를 조정합니다. 같은 밝기라면 밤에는

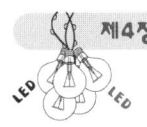
제4장 주변에서 사용하고 있는 발광다이오드에 대해 알아보자

눈부셔서 볼 수 없습니다. 낮의 수 만lux의 환경에서는 3,000:1의 밝기의 차이가 있습니다. 그것을 고려한 밝기를 배려하고 있습니다.

LED 신호등은 소비전력이 백열전구 타입에 비해 1/6~1/8이기 때문에 연중 점등하고 있는 신호기로는 전력을 절약하는 데 유효합니다. 또, 램프 끊김에 따른 램프 교환 작업은 교통정체를 일으키고 또, 위험한 작업이기도 하므로 LED 신호기는 유효한 대체 제품이라고 생각합니다.

LED 신호기는 라이트 1개당 192개의 LED를 사용하고 있습니다. 192개의 LED로 7.5W의 소비전력이므로 1개당 LED는 39mW(DC 1.9V, 20.6mA)의 소비전력이 됩니다. 이는 보통의 고휘도 LED를 사용하고 있고 와트급 파워 LED는 사용하고 있지 않은 것을 나타내고 있습니다. 이러는 편이 더 저렴하고, 많은 LED를 장치함에 따라 넓은 라이트 지름을 균일하게 비추어 내는 효과가 있기 때문이라 생각합니다. 또, 192개의 램프를 복수 계통의 전원회로로 점등시킴에 따라 백열전구에서 잘 발생하는 전구 나감 등이 발생하는 불편을 없앨 수 있습니다.

○ 그림 4.1.7 발광다이오드를 사용한 교통신호기

4-1 일상생활 속에서 쓰이는 발광다이오드

 ## 주택용 전구

백열전구와 LED 전구에 대해서는 3-4절, 3-5절에서 자세히 설명했습니다. 2009년보다 한층 더 LED 전구 보급에 박차를 가하고 있습니다. LED 전구의 보급은 첫째도, 둘째도 가격일 것입니다. 가격이 백열전구 수준이 안 되어도, 현재 20배 이상의 가격에서 한 자리 이하까지 내려간다면 상당히 보급될 것이라 생각됩니다.

형광등과 LED 전구를 비교할 경우, 형광등의 발광효율과 LED 전구의 발광효율은 비슷하므로 소비전력으로 본 경우 LED 전구는 가격이 비싼 것만큼 매력이 떨어집니다. 또, 형광등이 면광원인 것에 대해, LED 전구는 점광원에 가깝고, 넓은 범위를 구석구석까지 비추는 능력이 부족해서 감각적으로 어두운 느낌이 듭니다.

 ## 자동차 헤드램프

자동차의 헤드램프에도 LED가 사용되게 되었습니다. 2008년 5월에 독일의 아우디사가 발표한 스포츠카 'R8'에는 조명장치를 모두 LED로 한 모델이 라인업 되었습니다(그림 4.1.8 참조). 헤드램프에 LED를 탑재한 것은 아우디 R8이 처음입니다. 이 헤드라이트 유닛은 1개의 모듈당, 크고 작은 것을 합쳐 54개의 LED가 사용되고 있습니다. 하이 빔용으로는 4개 1조 LED 어레이를 2세트 사용하고, 로우 빔에는 상하 배광용으로 2세트, 좌우 배광에 3세트 사용하고 있습니다. 또, 방향 지시기용으로 8개의 노란색 LED를 사용하고, 램프 아래 바람에 24개의 소형 LED(주간 점등용)가 설치되어 있습니다. 백열전구(꼬마전구)는 전혀 사용하고 있지 않습니다.

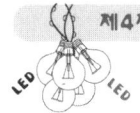

제4장 주변에서 사용하고 있는 발광다이오드에 대해 알아보자

● 그림 4.1.8 아우디의 스포츠카 'R8'　　　　사진제공 : 아우디 재팬 주식회사

바야흐로 이런 시대가 오게 된 것입니다(원래 이 풀LED 램프는 옵션 항목으로, 당시 3,590유로였습니다).

 액정 텔레비전 면발광 광원

액정화면을 비추는 백라이트는 기존에는 형광등을 사용해 왔습니다. 형광등 빛을 도광판에 입사하여 액정화면을 균일하게 조사하는 방법입니다. 발광다이오드의 기술 진보에 맞게 광원을 형광등에서 발광다이오드로 바꾼 LED 백라이트 액정 텔레비전이 등장했습니다.

발광다이오드는 쌀알 크기의 것도 있기 때문에 도광판을 사용하지 않더라도 액정 패널의 배후에서 직접 조사시킬 수 있습니다. 이에 따라 화면의 구석구석까지 밝은 빛을 낼 수 있게 되었습니다. 물론, 형광등을 사용하고 있던

4-1 일상생활 속에서 쓰이는 발광다이오드

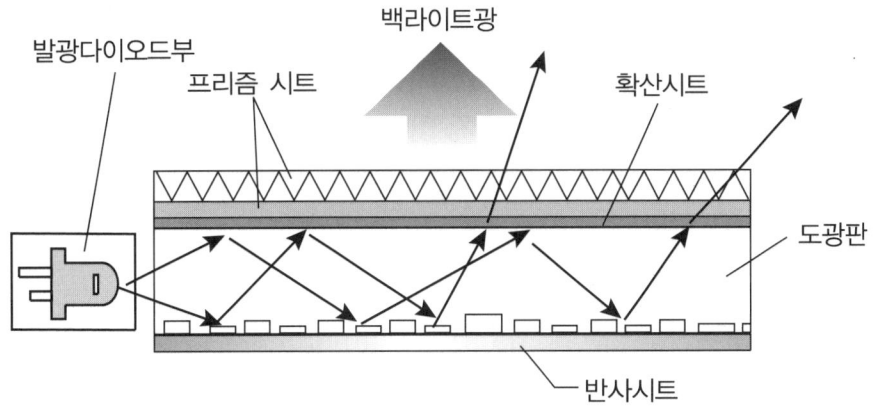

● 그림 4.1.9 액정 텔레비전 백라이트 LED의 원리

기존 방식의 도광판을 사용한 LED 조명도 있습니다. 액정화면에 LED 광원을 사용하는 장점은 내구성과 밝기, 콤팩트성, 밝기의 제어성에 뛰어난 점을 들 수 있습니다. 물론 수은을 사용하지 않는다는 장점도 있습니다.

LED 광원의 문제점을 들면 백색의 질과 가격 두 가지를 들 수 있습니다. 가격은 어떤 분야에서도 문제시되고 있는 것으로 향후 발광다이오드의 제조 비용이 내려가면 자연스레 해결될 것입니다.

백색의 질 문제란 백색 발광다이오드의 대부분은 자연광과 같은 스펙트럼을 가지고 있지 않습니다(36페이지 참조). 따라서 이 백색 LED로 액정화면을 비추는 경우 부자연스러운 색상이 됩니다. 이를 피하는 방법으로 RGB 3색의 LED를 배치하는 방법도 있습니다만 이는 보다 고가이고 제어도 복잡합니다.

제4장 주변에서 사용하고 있는 발광다이오드에 대해 알아보자

LED 프린터

레이저 프린터의 반도체 레이저부를 발광다이오드로 바꾼 프린터가 개발되어 있습니다. 이 프린터는 2007년에 후지제록스 주식회사가 시판화했습니다. 그 후, 여러 가지 메이커에서 같은 타입의 프린터가 발매되었습니다.

레이저 프린터는 심장부에 반도체 레이저를 이용하여 이를 폴리곤 미러를 사용하여 감광 드럼에 잠상(潛像)을 형성시키는 것입니다. 반도체 레이저를 대신해 발광다이오드를 사용함에 따라 고가의 폴리곤 미러를 비롯한 스캐닝 광학계가 필요없어집니다. 레이저광을 감광 드럼에 스캐닝하여 쬐어주는 광학계 대신에 바 상태로 배치한 고휘도 발광다이오드로부터 감광 드럼에 잠상을 깊이 새깁니다. LED바는 A4용지 사이즈로 600dpi(dot per inch), 5,120도트의 마이크로 LED를 배치한 것입니다.

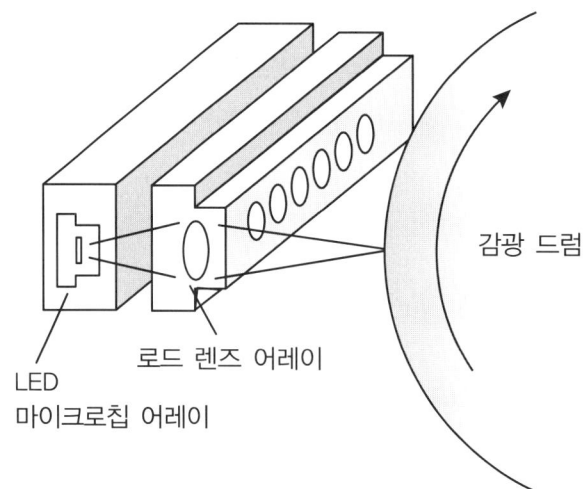

◯ 그림 4.1.10 LED 프린터의 원리

4-1 일상생활 속에서 쓰이는 발광다이오드

이 응용 예는 발광다이오드를 미세 가공에 의해 마이크로 레벨의 발광체로써 사용함에 따라 특징이 있고, 마이크로 LED의 광변조 제어로 감광 드럼에 인쇄할 패턴을 새기는 것입니다.

이 타입의 프린터는 시장에 나온지 얼마 안 되었고, 향후 성장이 기대됩니다.

4-2 전자기기에서 활약하는 LED 센서

전자기기에는 발광다이오드를 센서의 광원으로 이용한 모듈을 많이 사용하고 있습니다. 이런 센서는 접촉하지 않고 물건을 검지하는 큰 특징을 가지고 있습니다. 텔레비전과 에어컨 등의 리모컨에도 적외 발광다이오드가 송신 소자로 사용되고 있습니다. 이런 LED 센서로 사용되고 있는 모듈의 몇 가지를 소개합니다.

포토커플러

포토커플러는 적외 발광다이오드와 포토다이오드를 조합한 광스위치입니다. 그림 4.2.1에 구조도를 나타냈습니다. 빛을 사용한 스위치는 입력된 전압신호를 발광다이오드에서 일단 광출력으로 바꿔, 이를 포토다이오드로

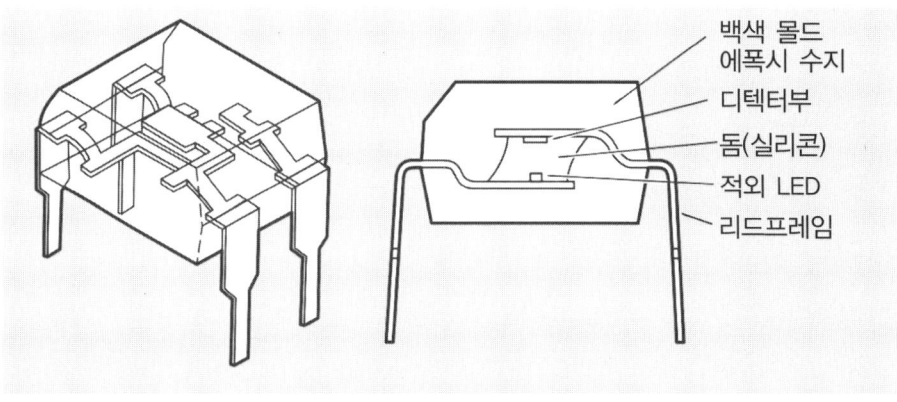

◉ 그림 4.2.1 포토커플러 투시도

4-2 전자기기에서 활약하는 LED 센서

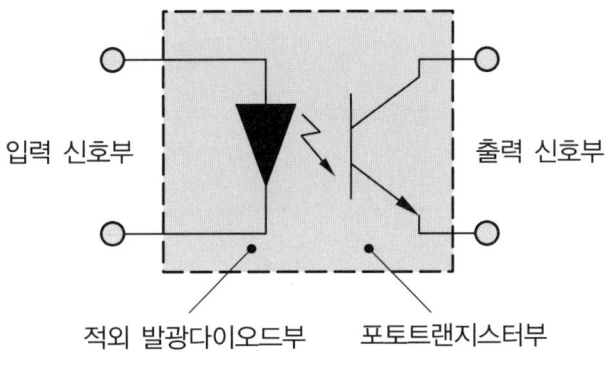

○ 그림 4.2.2 광스위치(포토커플러) 회로도

받아 스위치로 한 것입니다. 기기 상호의 사용하는 전압의 차이, 그랜드 레벨 차의 정합이나 노이즈 대책 등에 위력을 발휘하고 있습니다.

포토커플러에 입력하는 전압은 보통 3~30V 정도입니다. 포토커플러로 사용되고 있는 발광다이오드부는 적외이므로 여기에서의 전압강하는 약 1.2V입니다. 이 발광다이오드부에 약 10~20mA의 전류를 흘려줍니다. 입력 신호가 들어오면 포토커플러의 적외 LED 소자부가 발광하여, 이 빛을 감지하는 상대 포토트랜지스터가 빛을 받아 트랜지스터의 컬렉터와 이미터 사이가 ON이 됩니다.

광스위치는 그 이름대로 신호를 ON, OFF의 두 가지만 전달합니다. 즉, 아날로그 소자가 아닌 디지털 소자입니다. 이 소자는 전기신호를 일단 광신호로 바꾼 만큼 시간적인 지연이 생기고, 그 지연은 1~3μs 정도입니다. 이 시간 지연을 허용할 수 없는 응용 예로써, 예를 들면 MHz 대역의 신호를 보내는 데이터 통신에는 사용할 수 없습니다.

그림 4.2.3은 실제 회로에서의 포토커플러의 사용 방법입니다. 이 회로도에서 포토커플러는 양 장치의 그랜드라인을 따로 하는 것과 신호를 반전하는

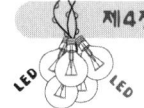

제4장 주변에서 사용하고 있는 발광다이오드에 대해 알아보자

입력측 신호부

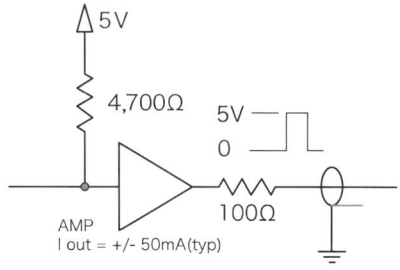

5V에서 100Ω의 출력 임피던스.
50mA를 흘릴 수 있는 힘을 가지고 있다.

신호 교환부

포토커플러부
발광부와 포토트랜지스터부가 패키지로 되어 있다.

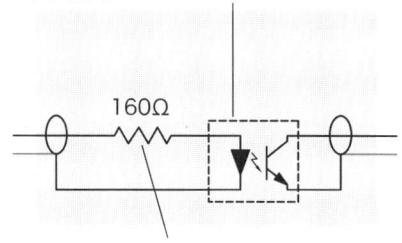

과전류 방지 저항
출력부에서 받은 신호의 전류를 제어하는 저항.
발광다이오드에 10~20mA의 전류가 흐르도록 저항을 160Ω이라 정한다.

출력측 신호부

풀업 저항 1KΩ을 사이에 두고 5V가 트리거 IN 단자에 인가되어 있다.

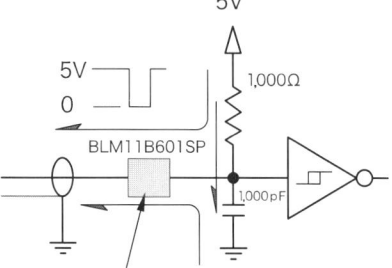

노이즈 리덕션 코일.
외부에서 노이즈가 들어가면 제어하는 기능을 한다.

○ 그림 4.2.3 포토커플러 응용 회로

4-2 전자기기에서 활약하는 LED 센서

목적으로 사용되고 있습니다. 회로도를 보면 입력 측의 신호가 0V에서 5V로 오르면 출력 측의 신호는 5V에서 0V로 떨어집니다.

 포토 인터럽터

포토 인터럽터는 포토커플러의 발광부와 수광부를 분리하여 이 사이에 차폐하는 대상물이 들어가면 신호가 바뀌는 것입니다. 이 장치는 트랙볼에 붙은 마우스에 사용되고 있었습니다. 볼의 회전은 내장되어 있는 슬릿이 끊긴 원판에 전달되어, 포토 인터럽터가 슬릿을 통해 회전을 검출하여 커서가 움직이도록 되어 있습니다. 이 같이 포토 인터럽터는 움직이는 물체의 위치 검출을 하는 소자로 사용되고 있습니다.

포토 인터럽터의 전기적 사양은 앞서 서술한 포토다이오드와 거의 같습니다. 적외 발광다이오드부는 1.2V의 강하전압을 가지고, 이 사이에 10~20mA의 전류가 흐르게 해둡니다. 이동 물체의 차폐에 따라 포토다이오드부가 스위치

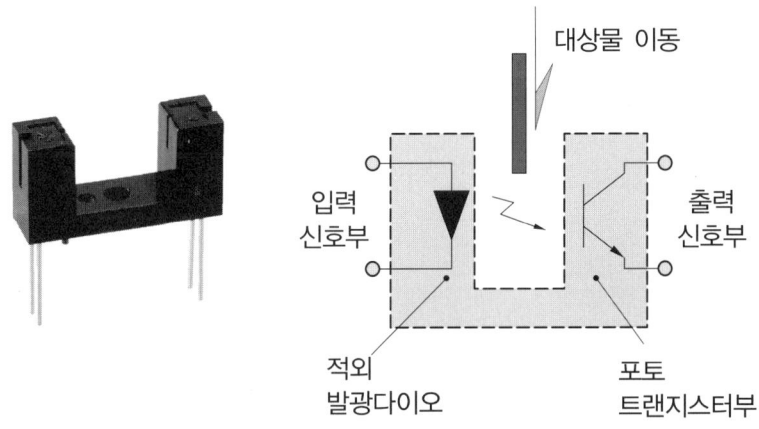

○ 그림 4.2.4 광스위치(포토 인터럽터)

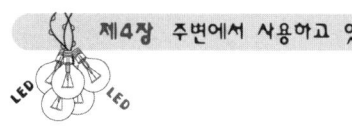

동작을 합니다. 스위치(포토다이오드부)에는 최대 40mA의 전류를 흐르게 할 수 있습니다. 포토 인터럽터의 응답성은 포토커플러와 거의 같게 2~4μs입니다. 따라서 이 응답 시간이 느린 경우에는 고속응답 광센서(포토 멀티플라이어, PIN 포토다이오드)를 사용한 센서를 검토해야 합니다.

솔리드 스테이트 릴레이

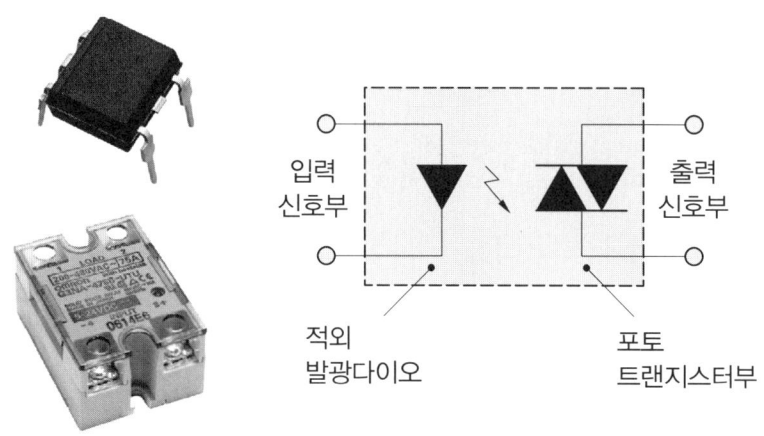

○ 그림 4.2.5 솔리드 스테이트 릴레이

솔리드 스테이트 릴레이(SSR: Solid State Relay)는 포토커플러를 내장한 파워 릴레이입니다. 기존의 릴레이는 입력신호(저압, 소전류)로 코일을 기동시켜, 코일의 전자유도작용으로 릴레이 접점자를 가동시켜 출력접점 접촉시킨 방식이었습니다. 이 방식이면 입력신호에서 실제 릴레이가 ON할 때까지 1~3ms(1/1,000초~3/1,000초) 정도의 지연이 발생하고, 릴레이 접점이 개폐할 때에 아크가 발생하여, 출력측 노이즈가 되거나, 아크에 의해 접점이 마모되는 불편이 있었습니다. 솔리드 스테이트 릴레이는 이런 불편

4-2 전자기기에서 활약하는 LED 센서

을 해소시킨 반도체 릴레이입니다. 입력부는 앞서 설명한 발광다이오드를 이용하여 발광다이오드의 발광에 따라 포토 트라이액이 ON이 된다는 것입니다.

트라이액은 교류전력을 흐르게 할 수 있는 반도체 소자입니다. 포토커플러가 극성을 가진 일방통행의 트랜지스터 스위치였던 것에 대해, 솔리드 스테이트 릴레이는 쌍방향의 포토 다이오드를 가진 것이 됩니다. 따라서 AC 전원의 스위치를 동작할 수 있고, AC 모터와 히터를 제어할 수 있습니다.

SSR 입력부는 포토커플러와 마찬가지로 발광다이오드를 구동시키는데 충분한 전압과 전류(일반 DC 5V 전원에서 20mA, 보호저항)를 공급합니다. 출력부(스위치부)는 타입에 따라 고전압, 대용량인 것이 시판되고 있습니다만 일반적인 것은 AC 24V~AC 480V로, 부하전류가 1~90A로 되어 있습니다.

솔리드 스테이트 릴레이에서의 문제는 발열입니다. 이전의 코일식 릴레이에서는 문제가 되지 않았던 것입니다만 반도체 릴레이의 경우는 이 부분을 전류가 흐를 때에 전압강하가 있고, 이 전압분과 흐르는 전류의 곱이 손실(열)이 됩니다. 그렇기 때문에 사용하는 전류가 큰 경우 SSR에서 발열하는 열은 상당한 것이 되기 때문에 필요에 맞게 방열, 강제 냉각 등의 대책을 세워야 합니다.

광섬유와의 조합

광섬유는 빛의 직선성의 개념을 뒤엎는 광전달 요소입니다. 광섬유는 정보를 전달하는 통신 케이블로써의 기능과 조명을 위한 빛을 이끄는 광 도파, 그에 화상을 전송하는 이미지 도파로 3가지 기능이 있습니다. 발광다이오드

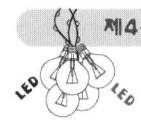

제4장 주변에서 사용하고 있는 발광다이오드에 대해 알아보자

는 이 3가지의 기능 중에 광 도파로 자주 사용됩니다. 통신 케이블의 응용에서의 발광다이오드는 데이터 정보량이 1kHz 이하에서 사용되는 경우는 있지만 대부분의 경우 데이터량을 많이 받는 반도체 레이저와 조합하여 사용합니다.

대상물을 조사하는 광섬유 가이드는 기존 할로겐 텅스텐 램프와 제논 램프, 메탈할라이드 램프와 함께 사용되어 왔습니다. 고휘도 발광다이오드의 등장으로 광섬유 장치에도 발광다이오드를 사용한 것이 등장했습니다. 발광다이오드를 사용함에 따라 광섬유 장치가 콤팩트해지고 소비전력도 억제할 수 있게 됩니다. 고휘도 섬유 라이트의 성능은 아직 따라갈 수 없지만 낮은 휘도의 것이라면 밝기적으로 손색이 없는 제품이 시판되고 있습니다.

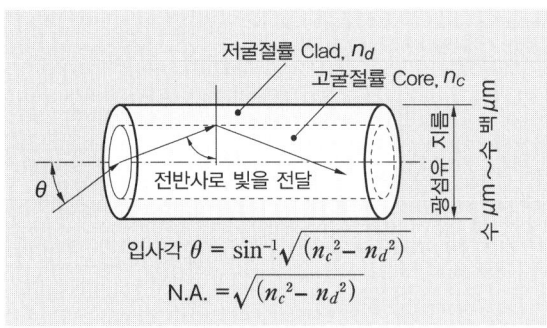

입사각 θ 이상의 빛은 전달할 수 없다.
θ는 N.A.로 정의되고, 광섬유의 중요한 성능 요소이다.

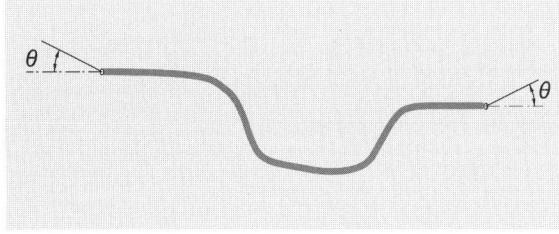

광섬유에서는 입사광의 허용각도(N.A.)와 사출광(射出光)의 각도(N.A.)는 같다.
따라서, 광섬유가 flexible 상태에서도 관계는 보존된다. 단, 자세한 점으로는 내부에서 빛이 새는 경우가 있다.

✪ 그림 4.2.6 광섬유의 원리

4-2 전자기기에서 활약하는 LED 센서

광섬유는 그림 4.2.6과 같이 파이버의 전반사에 의해 코어 내를 빛이 진행하는 것입니다. 따라서 파이버 내의 빛은 전반사가 일어나는 각도 외에는 전달되지 않고, 전반사를 일으키지 않는 빛은 파이버 밖으로 빠져 나갑니다. 전반사를 일으키는 각도를 개구수(N.A. : Numerical Aperture)라 하고, 사용하는 파이버에 따라 다릅니다.

광원을 광섬유로 이끌어 낼 때는 파이버의 N.A.를 충분히 고려하여 효율적으로 빛을 보낼 수 있도록 릴레이 렌즈(집광 렌즈)를 선택합니다. 발광다이오드를 사용하는 경우에도 같은 방법이 필요해집니다. 그림 4.2.7과 같이 발광다이오드에서 확산되는 빛을 릴레이 렌즈로 받아 파이버의 N.A. 이하의 집광각도로 빛을 입사시켜 줍니다.

⊙ 그림 4.2.7 광섬유를 사용한 LED 조명장치   사진제공 : 닛신전자공업 주식회사

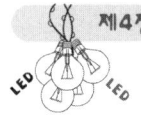

제4장 주변에서 사용하고 있는 발광다이오드에 대해 알아보자

 측거 센서

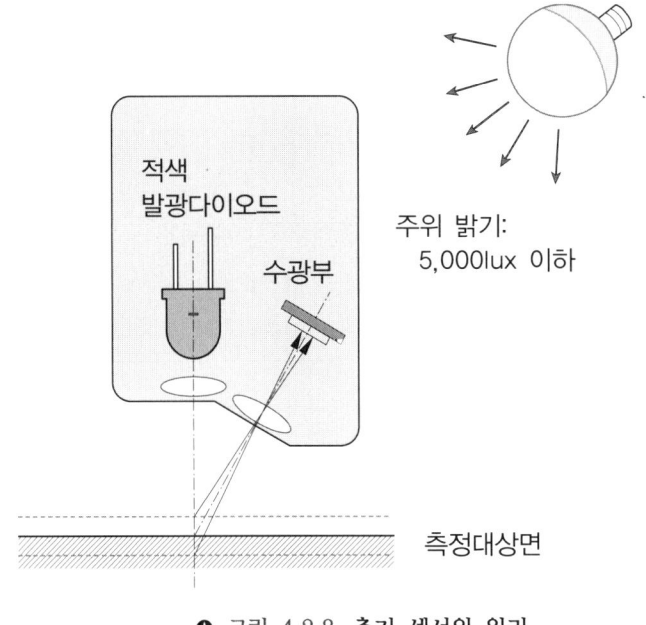

○ 그림 4.2.8 측거 센서의 원리

발광다이오드를 사용한 거리 센서입니다. 거리를 측정하는 광원으로는 레이저보다 우수한 것은 없습니다. 레이저는 발진파장이 매우 정확하고, 발진시간도 정확하게 나오므로 이런 성질을 이용하여 정확하게 대상물의 거리를 측정할 수 있습니다.

발광다이오드를 사용한 거리센서는 레이저가 가진 성능만큼은 미치지 못하므로 수광부를 고안하여 거리를 측정해야 합니다. 발광다이오드의 점광원과 적색 발광의 특징을 살려 그림 4.2.8과 같은 원리의 거리 센서가 시판되고 있습니다. 이 장치는 적색 발광다이오드를 광원으로 센서 위치에서 22mm

정도 떨어진 방사면을 가진 물체에 ϕ1.5mm 정도의 광 스폿을 투영시킵니다. 이 스폿이 물체에서 반사되어 센서의 수광부에서 검출되어, 깊이의 거리를 20μm(=20/1,000mm)의 정밀도로 검출한다는 것입니다. 그림으로 알 수 있듯이 적색 발광다이오드부의 발광위치와 수광부 중심과는 30°의 각도를 이루고 있어, 수광부는 리니어 센서로 읽을 수 있는 변위 내에서 깊이 위치의 측정이 가능하다는 것입니다.

발광다이오드는 보통 백열전구에 비하면 휘도와 직진성이 좋고, 단색광이기 때문에 광검출 정밀도는 양호하고, 어느 정도의 밝은 주위 환경에서도 측정할 수 있습니다. 하지만 반도체 레이저를 사용한 측거 장치에 비교하면 성능의 차이는 뚜렷합니다. 이 장치는 비교적 저렴하므로 이런 성능 조건의 제약에 잘 맞는 계측에 사용되고 있습니다.

위치 센서

발광다이오드를 사용한 위치 센서는 주로 꼬마전구를 대신하는 역할을 하였습니다. 그림 4.2.9의 위치 센서는 0.5mm 피치에서 각인된 스케일(기준)을 대상물에 설치하여, 이를 리니어 CCD로 패턴을 읽어 0.1mm의 정밀도로 위치를 검출하는 것입니다. 이 센서의 광원으로써 발광다이오드가 사용되고 있습니다만 반도체 레이저와 같은 특색은 없기 때문에 성능은 한정되어 있습니다. 발광다이오드를 사용한 위치 센서로는 측정거리에 한계가 있어 8mm 정도로 되어 있습니다. 8mm 떨어진 대상물면에 0.5mm 피치 스케일을 붙여 이 피치를 1/5의 분해능인 0.1mm 단위로 위치를 계측하는 것입니다.

제4장 주변에서 사용하고 있는 발광다이오드에 대해 알아보자

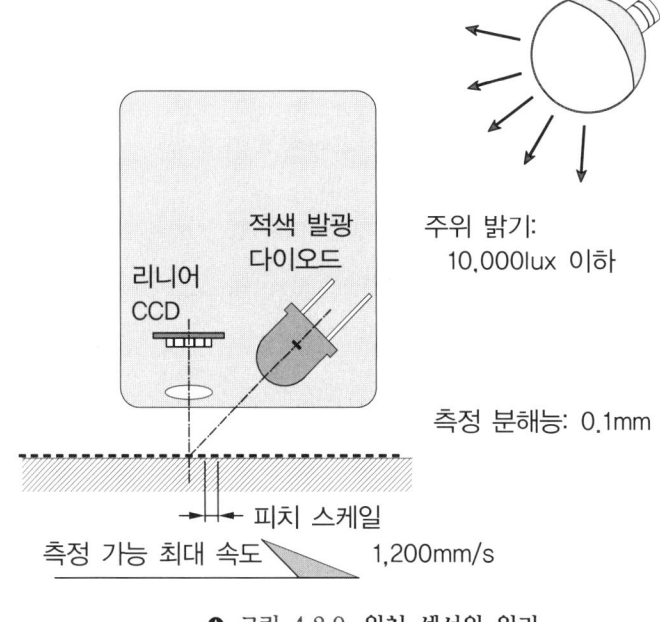

● 그림 4.2.9 위치 센서의 원리

4-3 발광다이오드의 장점과 단점

발광다이오드가 각광받는 이유를 정리했습니다. 이는 1-2절에서 설명한 것과 중복되는 부분도 있습니다만 기술적인 측면은 아니고 사회적인 요인의 관점으로 정리합니다.

발광다이오드는 인류가 획득한 '빛'의 역사 중에서 가장 마지막에 등장합니다. 현시점의 단계에서 발광다이오드가 다른 광원과 크게 다른 점을 들어 봅니다.

장점

■ **사용하기 쉽다.**

발광다이오드가 각광을 받고 있는 가장 큰 이유는 사용하기 쉽다는 점입니다. 건전지로 등불이 만들어지고, 게다가 매우 간결한 점이 널리 받아들이게 된 요인입니다. 특히, 1990년대 후반에 개발된 고휘도, 대출력 백색 발광다이오드는 조명 분야에 일대 개혁을 가져왔다고도 할 수 있는 일이었습니다. 백열전구를 LED 전구가 대신할 시대가 온 것입니다.

■ **긴 수명**

올바르게 사용한다는 조건 하에서 발광다이오드는 기존의 광원에 비해 현저하게 수명이 긴 특징을 가지고 있습니다. 일반적인 설로 발광다이오드의 수명은 50,000시간(파워 LED는 20,000시간)이라고 합니다. 이는 백열전구는 물론 형광등의 수명을 훨씬 뛰어넘는 성능입니다. 보통의 원형 형광등은 1일 8시간 정도 점등하여 1년에서 1년 반이면 수명을 다합니다. 이는

제4장 주변에서 사용하고 있는 발광다이오드에 대해 알아보자

5,000시간에 상당합니다. LED 전구는 그보다도 4배에서 10배의 수명을 가진 것이 됩니다. 한 번 설치하면 반영구적으로 사용할 수 있어 교환할 필요가 없다는 점이 각광받고 있는 이유입니다.

■ **고효율, 저발열**

발광다이오드는 구조상 전기 에너지를 효율 좋게 빛으로 바꾸는 특징을 가지고 있습니다. 이 때문에 적은 에너지로 필요한 조도를 확보할 수 있습니다. 에너지를 빛으로 바꾸는 효율의 장점은 발열이 상대적으로 낮은 것을 의미하고 있습니다. 발열은 대부분의 경우, 주위에 도움이 안 되는 경우가 많고 에너지 낭비가 됩니다. 에너지 절약 의식이 진행되고 있는 현재는 발광다이오드의 고효율, 저발열은 큰 가치가 있습니다.

■ **생전력(省電力)**

조명장치로써 LED 전구는 백열전구 대신으로 바뀔 추세입니다. 이는 LED 전구가 백열전구의 1/8의 전력으로 해결되기 때문입니다. 전력사정이 점점 심각해지는 추세이므로 이 특징은 점점 확대될 것이라 생각됩니다.

단점

발광다이오드는 장점만 있는 것은 아닙니다. 굳이 그 약점을 들자면 우선, 조명장치의 관점으로는 가격이 높은 점을 들 수 있습니다. 또, 백색도 색상에 불규칙이 많기 때문에 미술 공예품의 감상용 조명으로 사용하는 데는 아직 수준에 도달하지 못하였습니다. 전원으로 교류전원이 들어오면 깜빡거려서 눈을 피곤하게 만듭니다. 또, 비교적 출력이 작기 때문에 대출력화해야 하는 과제도 남아 있습니다. 대규모 조명 설비로써는 출력도 물론이지만 투광 능력의 문제도 남아 있습니다. 마지막으로 열에 약하다는 결점도 있습니다.

4-4 발광다이오드의 수명과 인체에 미치는 영향

발광다이오드는 수명이 긴 광원이라는 점이 큰 특징입니다. 그 수명은 50,000시간이라 합니다. 이런 긴 수명을 가진 발광다이오드도 올바르게 사용하지 않는 한 이 성능을 충분히 끌어낼 수 없습니다.

발광다이오드의 수명에 크게 영향을 주는 것은 열입니다. 발광다이오드는 열을 내지 않는 광원으로써 큰 특징을 가지고 있습니다만 작은 발광체 자체는 꽤 많은 열을 내고 있습니다. 소자가 고열에 노출되면 소자를 구성하는 반도체 결정 구조가 파괴됩니다. 결정 구조가 파괴되면 정상적으로 동작할 수 없게 되고, 수명이 다합니다.

수명을 길게 유지하기 위한 열 대책으로는 정격 이상의 전압과 전류를 더하지 않는 것입니다. 정격 이상의 전류를 흐르게 하면 반도체 소자는 온도가 급격하게 상승되어 파괴됩니다. 또, 정격으로 동작시키고 있더라도 사용하는 환경이 좋지 않아 방열이 충분하게 이뤄지지 않으면 소자에 열이 쌓여 수명을 현저하게 단축시킵니다.

발광다이오드가 인체에 미치는 영향에 대해 설명합니다. 가시광 영역의 발광다이오드에는 인체에 심각한 장해를 가져오는 요소는 없습니다. 하지만 적외 발광다이오드에는 파워가 큰 것이 있고 사람의 눈으로는 인식할 수 없으므로 이것이 눈에 들어간 경우, 출력의 정도와 조사시간에 따라서는 적지 않은 영향을 미칩니다.

또, 최근에서야 자외 발광다이오드가 시판되고 있습니다. 이는 양자 에너지가 높기 때문에 인체에 적지 않은 영향을 미칩니다. 태양광의 자외선광과

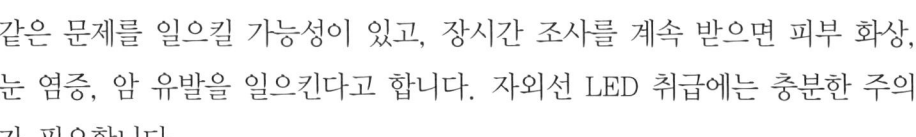

같은 문제를 일으킬 가능성이 있고, 장시간 조사를 계속 받으면 피부 화상, 눈 염증, 암 유발을 일으킨다고 합니다. 자외선 LED 취급에는 충분한 주의가 필요합니다.

고휘도 및 대출력의 적색, 청색, 백색 발광다이오드에 대해서는 휘도가 높기 때문에 직접 눈에 들어가면 눈이 부십니다. 단, 제논 플래시와 레이저 광보다는 피크 에너지가 낮기 때문에 눈 등에 결정적인 손상을 주는 일은 없습니다.

발광다이오드 중에서 반도체 레이저는 특히 취급에 주의해야 합니다. 반도체 레이저는 에너지 밀도가 현격하게 다르므로 인체에 큰 타격을 줄 위험성이 있기 때문입니다.

CHAPTER 05

발광다이오드의 성능에 대해 알아보자

본 장에서는 실제 발광다이오드의 데이터시트에 기재되어 있는 항목을 채택하여 기재되어 있는 수치가 의미하는 부분을 설명합니다. 이런 사양 항목의 수치를 바르게 읽어내는 것이 LED를 효율적으로 취급하기 위한 첫걸음입니다.

5-1 시판 제품으로 본 발광다이오드

● 표 5.1.1 각 회사의 고휘도 LED 제품 예

발광색	모델	메이커	광도	전압	전류	지향 특성	크기	가격
백색	NSPW-500BS	니치아화학공업	5,600mcd	3.6V	20mA	20°	φ5mm	약 250엔
백색	NSPW-300BS	니치아화학공업	2,800mcd	3.6V	20mA	25°	φ3mm	약 200엔
청색	E1L53-3B	토요다 합성	1,200mcd	3.4V	20mA	30°	φ5mm	약 200엔
황색	TLYH20TP	도시바	13,000mcd	2.0V	20mA	7°	φ5mm	약 100엔
적색	TLSH50T	도시바	4,700mcd	2.0V	20mA	16°	φ3mm	약 100엔
녹색	UG5304X	스탠리전기	5,600mcd	3.7V	20mA	30°	φ5mm	약 200엔

발광다이오드로 유명한 메이커로는 스탠리전기 주식회사, 샤프 주식회사, 주식회사 도시바, 일본 휴렛 패커드 주식회사, 로옴 주식회사, 산요전기 주식회사, 토요다 합성 주식회사, 니치아화학공업 주식회사, 루미네즈사 등이 있습니다.

스탠리전기는 자동차 램프에 뛰어난 회사로, 토호쿠대학 명예교수 니시자와 준이치(西澤潤一) 교수의 지도 아래 고휘도 발광다이오드 개발, 시판화로 빠르게 이름을 알린 회사입니다. 니치아화학공업은 도쿠시마에 있는 회사로 브라운관 등에 사용되는 형광재를 제조하고, 발광다이오드도 제조하고 있었습니다만 나카무라 슈지(中村修二) 씨를 개발팀으로 한 청색 발광다이오드의 개발로 빠르게 성공하여 업계의 선두주자가 되었습니다. 토요다 합성은 토요다 자동차와 관련된 회사로 수지성형품 등에 뛰어난 회사였지만 1985년에 토요다 중앙 연구소와 나고야대학 명예교수 아카사키 이사무(赤碕勇)

제5장 발광다이오드의 성능에 대해 알아보자

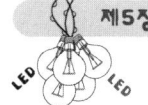

    교수, 그리고 과학기술 진흥기구의 원조 하에서 청색 발광다이오드 개발, 시판화에 성공하고, 발광다이오드 메이커의 중견기업이 되었습니다.

    발광다이오드는 급속한 수요로 후원받아, 위에 서술한 메이커 외에도 많은 화학 메이커와 전기 메이커, 전자 메이커가 독자적으로 다이오드를 개발하고 제조하고 있습니다.

5-2 성능표를 보는 방법

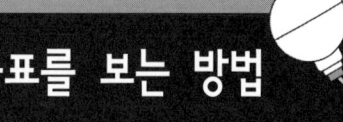

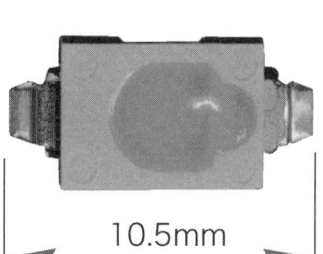

발광다이오드 속에 제너 다이오드를 내장. 서지 전압 등, 일정 이상의 전압이 걸리는 것을 방지하는 움직임과 역류를 방지하는 기능을 가진다.

데이터시트에는 오른쪽 그림과 같이 외관도가 기재되어 있다. 데이터는 메이커 사정에 따라 예고 없이 변경되는 경우가 있으므로 주의.

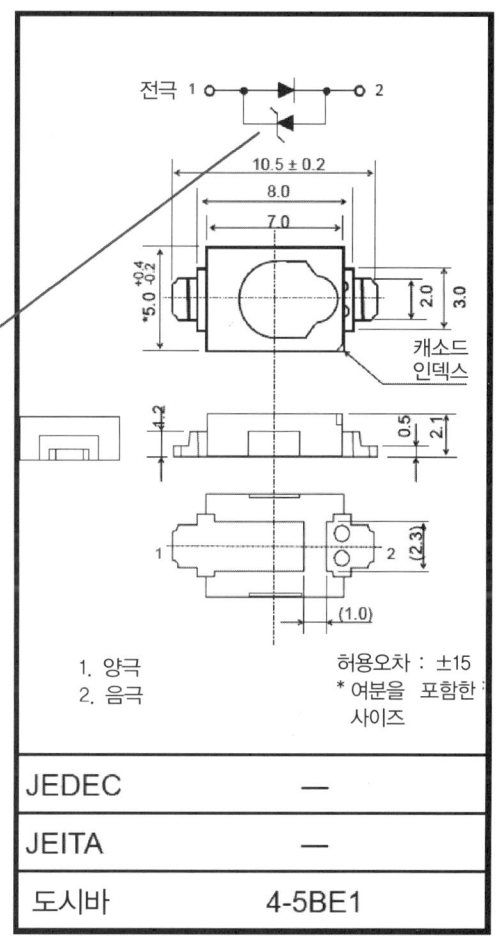

★ 그림 5.2.1 발광다이오드 성능표의 예
출처 : 도시바 LED 램프 'TL12W03-N' 데이터시트로부터 발췌

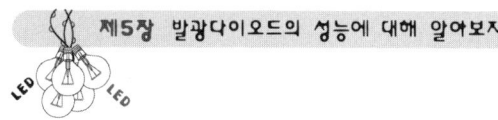

제5장 발광다이오드의 성능에 대해 알아보자

발광다이오드의 대표적인 제품의 카탈로그를 보면서 카탈로그로부터 알 수 있는 성능을 확인해 봅시다. 발광다이오드 성능의 자세한 내용은 메이커에서 데이터시트라는 형태로 공표되어 있으므로 사용자는 자유롭게 그 데이터시트를 마련하여 성능을 확인할 수 있습니다.

이번에 예로 든 것은 도시바 세미컨덕터사에서 판매되고 있는 'TL12W03-N'이라는 백색 발광다이오드입니다. 이는 조명용으로 사용하는 발광다이오드로 그림 5.2.1에 데이터시트의 외관도를 나타냈습니다. 왼쪽 사진은 실제 발광다이오드의 외관입니다. 이 사진은 데이터시트에는 기재되어 있지 않습니다. 외관도로는 크기와 설치, 배선할 때의 사이즈 배합을 알 수 있습니다.

외관도에는 그림기호도 포함되어 있어 회로도를 그릴 때 참고가 됩니다. 이 예로는 발광다이오드와 병렬로 제너 다이오드가 접속되어 있습니다. 제너 다이오드가 내장되어 있는 것은 발광다이오드 간에 일정 이상의 전압이 흐르지 않도록 하기 위해서입니다. 필요 이상으로 높은 전압이 흘렀을 때에 제너 다이오드가 여분의 전압을 빼내어 제너 다이오드와 발광다이오드 간에 일정한 전압을 유지하도록 하고 있습니다. 또, 이 제너 다이오드는 역접속했을 때 발광다이오드 소자를 손상으로부터 지켜내는 기능도 가지고 있습니다.

그림 5.2.2는 발광다이오드의 기본적인 사양이 적혀 있습니다. 발광색 및 발광 재료 항목에서는 이 발광다이오드가 백색이고, 재료에는 질화인듐갈륨(InGaN)이 사용되고 있는 것이 기록되어 있습니다.

5-2 성능표를 보는 방법

```
○ 표면 실장 타입 조명용 광원
• 10.5(L)mm×5.0(W)mm×2.1(H)mm 사이즈
• 고광속 LED         : 표준 광속 100lm@350mA
• 발광색             : 백색(주백색)
• 고내열 타입        : T_opr/T_stg  -40~100℃
• 리플로 납땜 방식
• 테이핑 사양
  8mm 피치          : T30 사양(500개/릴)
• 용도              : 조명용 광원 등

발광색 및 발광재료
```

형명	색	재료
TL12W03-N	흰색(주백색)	InGaN

✪ 그림 5.2.2 기본 사양   출처 : 도시바 LED 램프 'TL12W03-N' 데이터시트로부터 발췌

 ## 최대 정격

절대 최대 정격(Ta=25℃)

항목	기호	정격	단위
직류 순전류	I_F	500	mA
허용 손실	P_D	1.95	W
동작 온도	T_{opr}	-40~100	℃
보존 온도	T_{stg}	-40~100	℃
정크션 온도	T_j	120	℃

✪ 그림 5.2.3 절대 최대 정격 출처 : 도시바 LED 램프 'TL12W03-N' 데이터시트로부터 발췌

제5장 발광다이오드의 성능에 대해 알아보자

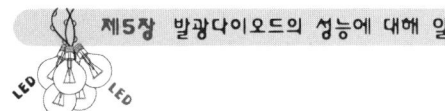

카탈로그에는 그림 5.2.3과 같이 절대 최대 정격이라는 사양이 적혀 있습니다. 이것은 이 발광다이오드에는 이 이상의 전기적 부하와 온도 영역에서 사용해서는 안 된다는 것입니다.

직류 순전류(I_F)는 발광다이오드에 흐르는 최대 전류이고, 이 이상의 전류가 흐르면 발광다이오드가 손상되는 수치입니다. 이 발광다이오드는 500mA까지 흐를 수 있습니다.

허용 손실이란 발광다이오드가 소비하는 전력의 최대치입니다. 이 다이오드에서는 1.95W가 최대 허용 손실이 됩니다. 이 수치는 파워 LED에서 밝기의 기준이 되어 있는 W(와트) 수치입니다. 단, 1.95W는 최대 정격이므로 정격은 아닙니다. 이 발광다이오드는 다른 항목(그림 5.2.9 참조)에서 정격 동작 전류가 350mA일 때, 표준 순전압이 3.3V이므로 전력은

$$0.35[A] \times 3.3[V] = 1.16[W]$$

1.16W가 되어, 1W의 파워 LED가 됩니다. 단 최대로 1.95W까지 사용할 수 있다는 수치입니다.

동작 온도와 보존 온도는 발광다이오드가 동작과 보관할 수 있는 온도 범위를 나타내고 있습니다. 이 발광다이오드에서는 −40℃에서 100℃까지의 환경에서 사용할 수 있습니다. 100℃라는 것은 충분히 뜨거운 온도입니다. 발광다이오드는 이 온도까지 사용할 수 있지만 이에 근접한 디지털 소자는 이 온도까지 견딜 수 있다는 보증이 없기 때문에 회로 설계에서는 고려할 필요가 있습니다. 또, 발광다이오드는 열이 나오지 않는다고 생각할 수 있지만 작은 소자로 비교적 많은 전력을 소비하므로 방열 대책에는 충분한 대책이 필요합니다.

정션 온도는 발광다이오드 소자 내의 접합면의 최대 온도입니다. 사용자 측에서는 이 부분의 온도를 관리할 수 없기 때문에 소자의 가까운 방열판에 온도 센서를 설치하여 동작 온도 이하가 되도록 전류제어를 합니다. 절대 최대 정격 항목에서는 최대 전압의 규정이 없습니다. 발광다이오드에서는 전류제어가 대전제가 되므로 최대 전류가 주어지면 발광다이오드 간에 흐르는 전압은 임의적으로 결정합니다. 문제는 그렇다 하더라도 실제로 건전지 등으로 안이하게 발광다이오드를 연결한 경우 과다한 전압이 인가되게 되는 것입니다. 이 경우, 예를 들면 전류제어를 하지 않고 5V의 전압을 더한 경우는 발광다이오드에 1A 이상의 전류가 흘러 최대 정격 전류를 넘어 버립니다. 회로가 정전류 회로로 되어 있고, 500mA에서의 제어라면 그림 5.2.4로부터 발광다이오드의 전압은 3.4V가 되고 보증되는 한도 내에서의 사용이 됩니다. 이 점으로부터 발광다이오드에서는 흐르는 전류가 가장 중요한 요소라는 것을 이해할 수 있습니다.

이번에 예로든 발광다이오드는 제너 다이오드가 발광다이오드와 병렬로 접속되어 있습니다. 이 제너 다이오드는 전압이 일정 이상 더해지면 다이오드가 넘은 전압분을 소화하여 일정 전압으로 유지하는 기능이 있습니다. 이 제너 다이오드가 발광다이오드를 보호하는 전압은 서지전압 등의 고전압 목적이고, 낮은 전압에 기능하지 않습니다.

동작 전류/ 동작 전압

그림 5.2.4는 발광다이오드에 흐르는 전류와 전압의 관계를 나타낸 것입니다. 일반적으로 그래프는 가로축이 주축이 되어 주축에 대해 세로축의 수치가 어떻게 변하는지를 보는 것이 관례이지만 이 특성 곡선은 발광다이오

드에 흐르는 전류(I_F)에 따라 발광다이오드 간의 순전압(V_F)을 간단히 구할 수 있다는 것입니다.

즉, 흐르는 전류에 따라 발광다이오드 간의 전압이 변화한다는 것입니다. 따라서 최대 500mA의 전류를 흐르게 하여 가장 밝게 발광시키고 싶은 경우에는 이 발광다이오드에는 3.4V의 인가전압이 필요해지므로 발광 회로에서는 발광다이오드에 500mA, 3.4V가 더해지는 설계를 해야 합니다. 100mA의 전류를 흐르게 하면 3.05V 순전압이 됩니다. 이 같이 하여 회로를 설계할 때에는 발광다이오드에 흐르는 전류치를 정하여 그것보다 순전압을 그래프로 구하여 회로 설계에 반영시킵니다.

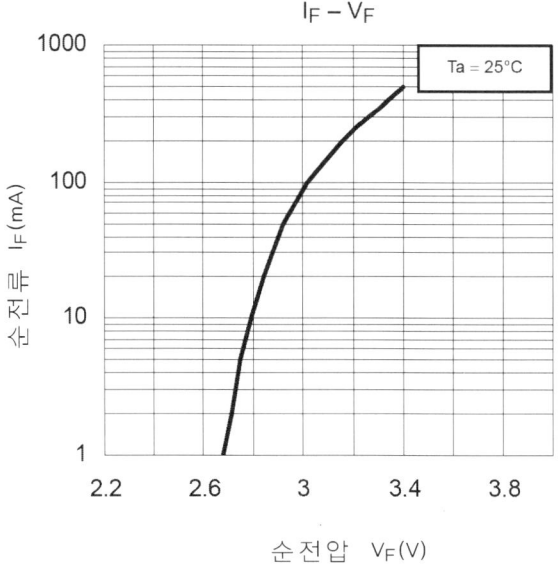

● 그림 5.2.4 순전류, 순전압 특성 곡선
출처 : 도시바 LED 램프 'TL12W03-N' 데이터시트로부터 발췌

5-2 성능표를 보는 방법

 광출력

Ta=25℃, 허용오차 ±20%

제품명		광속 F			I_F
		최소	표준	최대	
TL12W03-N(30)		67.3	100	113	350
	F1	67.3	–	80	
	F2	80	–	95	
	G1	95	–	113	
단위			lm		mA

○ 그림 5.2.5 광속 랭크와 광속치(F)의 관계
출처 : 도시바 LED 램프 'TL12W03-N' 데이터시트로부터 발췌

참고하고 있는 발광다이오드 카탈로그에서는 그림 5.2.5와 같이 광출력을 광속으로 기재하고 있습니다. 발광다이오드에 350mA의 전류를 흐르게 하면 표준으로 100lumen의 광속을 내는 것으로 나타나 있습니다.

단, 발광 출력에는 불규칙이 있습니다. 같은 350mA의 전류를 흐르게 하더라도 67.3~113lumen의 산포가 허용되고 있어, 약 45%의 산포를 갖습니다. 폭이 꽤 넓은 산포라 할 수 있습니다. 발광다이오드는 발광효율과 사용하는 형광재에 따라 제조상의 산포를 갖는 것은 어쩔 수 없다고 합니다. 그림 5.2.5에서는 같은 제품을 'F1', 'F2', 'G1' 세 가지로 나누어 산포를 ±7~9%로 가까이 하여 공급하고 있습니다. 발광다이오드를 여러 개 사용하여 조명 전구를 만드는 경우에는 각 소자가 산포를 갖는다면 문제가 되기 때문에 이 같은 대처를 하고 있는 것이라고 생각할 수 있습니다.

제5장 발광다이오드의 성능에 대해 알아보자

그림 5.2.6은 발광다이오드에 흐르는 전류치에 따라 발광이 어떻게 변화하는지를 나타낸 곡선입니다. 세로축의 수치는 350mA를 '1'로 한 경우의 상대치이고, 전류에 거의 비례한 발광을 하고 있다는 것을 알 수 있습니다.

그림 5.2.7은 백색 발광다이오드의 색도를 나타낸 데이터입니다. 백색 발광다이오드는 균일한 백색 발광을 만들기 어렵기 때문에 백색의 정도를 색도(그림 5.2.8 참조)로 나타내고, 백색 범위를 두 개로 나누어 색의 정도의 산포를 억제하고 있습니다. 색도는 그림 5.2.8과 같이 색을 x와 y의 수치로 나타낸 것으로 CIE(국제조명위원회)가 규격화했습니다. 백색은 $x=0.33$, $y=0.33$이 되고, 이 수치 근방을 '백(白)'으로 표현하고 있습니다.

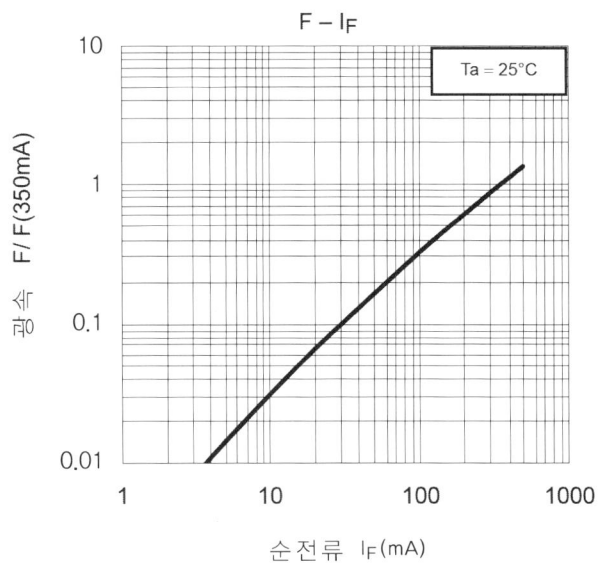

★ 그림 5.2.6 순전류치와 발광 광속의 관계(350mA일 때를 1로 한 경우의 상대치)
출처 : 도시바 LED 램프 'TL12W03-N' 데이터시트로부터 발췌

5-2 성능표를 보는 방법

광학 특성(Ta=25°C)

항목	기호	측정 조건	최소	단위	최대	단위
색도	C_x	I_F = 350 mA		(주 5)		—
	C_y	I_F = 350 mA		(주 5)		—
광속(주 6)	F	I_F = 350 mA	67.3	100	113	lm

주 5 : 색도 랭크에 대해서
     이 제품은 하기의 색도좌표의 그룹으로 랭크를 분류합니다.
     단, 각 랭크의 납입 비율은 정해져 있지 않습니다.

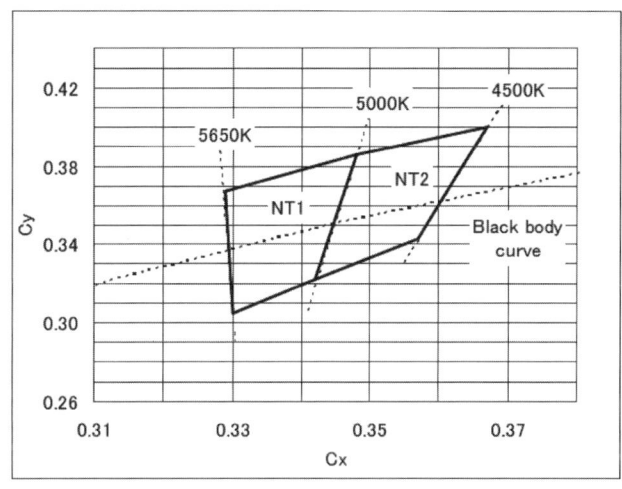

	Cx	Cy
NT1	0.348	0.386
	0.329	0.367
	0.330	0.305
	0.342	0.322
NT2	0.367	0.400
	0.348	0.386
	0.342	0.322
	0.357	0.343

이 화학 특성은 주로 색상(색도)을 정의하고 있다. 백색 발광다이오드는 제조상 색도가 불규칙하기 때문에 두 가지 (NT1, NT2)로 나누고 있다.

◎ 그림 5.2.7 발광다이오드의 광학 특성
    출처 : 도시바 LED 램프 'TL12W03-N' 데이터시트로부터 발췌

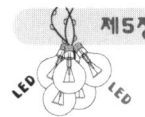
제5장 발광다이오드의 성능에 대해 알아보자

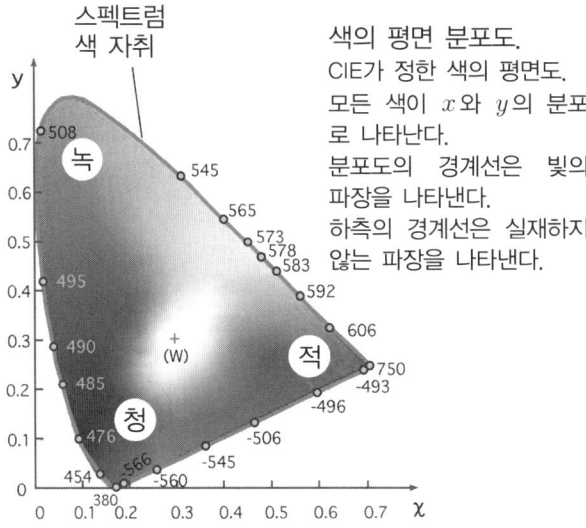

○ 그림 5.2.8 CIE 색도도

순전류

발광다이오드가 전류 구동이라는 것은 몇 번이고 설명했습니다. 발광다이오드에서는 흐르는 전류에 따라 밝기가 변하기 때문에 그림 5.2.6과 같이 전류에 따른 발광 광속의 데이터가 공표되고 있습니다. 이 그림을 보면 순전류가 4mA일 때에 정격 전류시의 1/100 정도의 발광이 시작되고, 최대 정격전류 500mA 시에 1.5배 정도의 빛이 나오고 있는 것을 알 수 있습니다. 4mA의 전류를 흐르게 했을 때에 발광다이오드에 흐르는 전압은 그림 5.2.4로부터 2.7V가 됩니다.

이들 데이터로부터 발광다이오드에 흐르는 전류를 4mA에서 500mA까지 흐르게 하는 회로를 만들면 광량 조절도 가능한 광원을 만들 수 있게 됩니다.

5-2 성능표를 보는 방법

  역전압, 열저항

그림 5.2.9에서 나타내고 있는 역전압은 발광다이오드의 양극(+)과 음극(-)의 극성을 잘못하여 역접속했을 때 흐르는 전압입니다. 이는 발광다이오드에 제너 다이오드가 내장되어 있기 때문에 소자에 역접속한 경우, 발광다이오드를 보호하여 제너 다이오드로 전류를 흐르게 합니다. 이 때 제너 다이어드로 흐르는 전압 강하가 0.75V가 된다는 점입니다.

열저항은 발광다이오드의 열을 전달하기 어려움을 나타낸 수치입니다. 단위시간당 소비하는 전력[W]의 주위 온도에 대한 온도 상승을 나타냅니다. 이 다이오드에서는 8℃/W이므로 정격으로 발광시키면 1W당 8℃의 온도가 상승하게 됩니다. 방열 대책을 실시하지 않으면 발광다이오드는 주위 온도를 올려 스스로도 온도를 올릴 수 있게 됩니다. 방열판에도 열저항이 주어져 있으므로 발광다이오드의 열저항과 방열판을 포함한 열저항이 사용하는 발열체에서 상승하는 온도가 사용 최고 온도 이내라면 좋습니다.

이 같이 열저항은 발열체와 방열체를 간단한 계산식을 사용하여 주위 온도에 대해 방열이 충분히 되고 있는 가를 간단하게 알 수 있게 해줍니다.

항목	기호	측정 조건	최소	표준	최대	단위
순전압(주 3)	V_F	I_F=350mA	2.9	3.3	3.9	V
역전압	V_R	I_R=1mA	–	0.75	–	V
열저항(주 4)	Rth(j-s)	I_F=350mA	–	8	–	℃/W

주 3 : 순전압 랭크 분류에 대해서
  순전압 랭크 분류는 하기 랭크표를 기준으로 하여 분류됩니다. 각 랭크의 납입 비율은 불문입니다.
주 4 : Rth(j-s) : LED의 정션 온도에서 납땜 접합 포인트까지의 열 저항.

❂ 그림 5.2.9 전기적 특성(Tα=25℃)
출처 : 도시바 LED 램프 'TL12W03-N' 데이터시트로부터 발췌

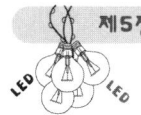

제5장 발광다이오드의 성능에 대해 알아보자

발광파장

발광다이오드는 기본적으로 단색 발광입니다. 반도체 소자의 PN 접합면에서 발하는 발광은 특정 파장의 에너지 방사가 되기 때문입니다. 적외 발광다이오드와 적색, 녹색, 청색 발광다이오드의 데이터시트에는 발광 파장이 기재되어 있습니다.

백색 광원은 인간이 일상에서 사용하는 데는 매우 편리하기 때문에, 백색 발광다이오드가 개발되었습니다. 본 항에서 소개하고 있는 발광다이오드도 백색 발광다이오드입니다. 삼원색(적색, 녹색, 청색)의 발광다이오드 세 가지를 조합하더라도 백색을 얻을 수 있지만 구조가 복잡해지고 고가이기 때문에 청색 발광다이오드에 황색의 형광체를 도포한 것이 백색 발광다이오드의 주류로 되어 있습니다. 본 항에서 소개하고 있는 발광다이오드도 이 타입입니다.

그림 5.2.10에 청색 발광다이오드를 사용한 백색 발광다이오드의 발광 스펙트럼 곡선을 나타냅니다. 그림으로 알 수 있듯이 청색부에 피크가 있고, 황색부에 형광체에서의 발광인 2차 피크를 가진 발광 특성으로 되어 있습니다.

이 특성 곡선으로 알 수 있는 것은 발광다이오드에서는 700nm을 넘는 적외방사(열)는 거의 나오지 않는 것입니다. 하지만 발광다이오드부 자체의 방열은 꽤 있고, 1W의 소비전력인 경우 8℃의 온도 상승을 가지고 있습니다. 이것은 발광다이오드는 빛과 함께 열은 방사되지 않지만 내부에 무시할 수 없는 발열을 동반하고 있다는 것을 알 수 있습니다. 일반적으로 발광다이오드는 소비전력의 65~80% 정도가 열이 된다고 합니다.

5-2 성능표를 보는 방법

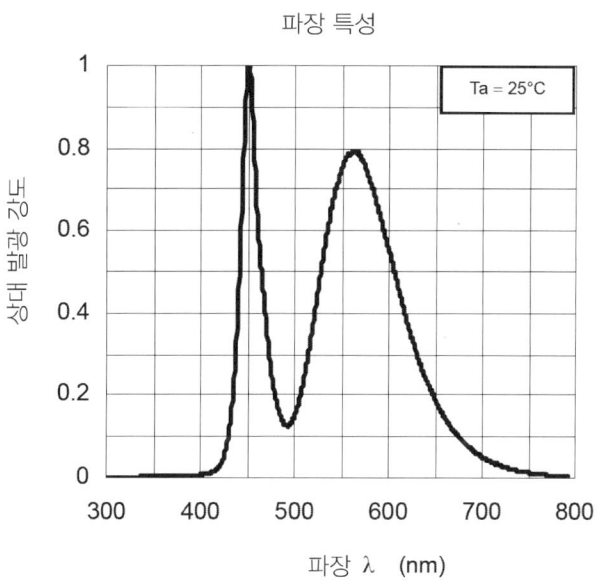

○ 그림 5.2.10 발광 스펙트럼 곡선
출처 : 도시바 LED 램프 'TL12W03-N' 데이터시트로부터 발췌

 확대각

발광다이오드에서 방사되는 빛의 패턴은 그리 넓지 않습니다. 발광 소자가 매우 작고, 0.5~2mm 정도이기 때문에 점광원으로 간주하는 경우가 자주 있습니다. 또, 발광다이오드의 대부분은 플라스틱 렌즈가 들어 있고, 어느 정도 멀리까지 투사할 수 있습니다. 그림 5.2.11에 나타난 지향특성곡선은 수직 성분을 1로써, 55°에서는 밝기가 절반으로 떨어져 있습니다. 이 발광다이오드를 표시광원으로 보는 경우에는 시인성 부분에서 ±55°의 표시범위를 가진다고 생각해도 좋습니다.

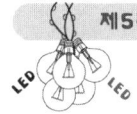

제5장 발광다이오드의 성능에 대해 알아보자

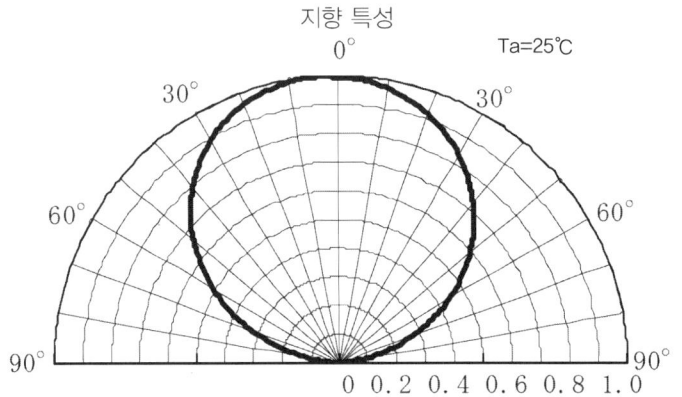

● 그림 5.2.11 데이터시트로 본 지향특성곡선
출처 : 도시바 LED 램프 'TL12W03-N' 데이터시트로부터 발췌

하지만 이를 조명소자로써 생각하면 55°의 조사각도로 대상물에 조사한 경우, 조사거리가 수직 방향(조사각도 0°)보다도 $1/\cos\theta$만큼 길어집니다. 55°에서는 1.74배 길어집니다. 그래서 발광다이오드의 광도가 절반이 되기 때문에 대상물에 비추는 능력(조도)은 $1/(1.74^2 \times 2)=1/6$이 되고, 1/6까지 떨어집니다. 조도가 절반까지 떨어지는 부분은 어느 각도인가 하면 조사각도 35°(1.22배의 조사거리)로 0.8의 광도이기 때문에 $1/(1.22^2 \times 1.25)=1/1.86 =0.53$이 되고, ±35°가 램프로써 사용할 수 있는 조사범위가 됩니다. 이 조사범위는 조사거리 50cm에서 ϕ70cm를 비추게 됩니다. 1m의 거리에서는 ϕ1.4m가 됩니다. 이 발광다이오드를 전구로 사용하는 경우는 9개 정도를 기판에 장착시켜, 그 위에 반구(半球)상인 광확산 캡을 씌워 균일하게 조사하고 있습니다.

그림 5.2.12는 필자가 가지고 있는 휴대 라이트의 조도를 측정한 데이터입니다. 어두운 곳을 비추는 램프이므로 100lux만 있으면 충분합니다. 이 데이터에서는 조사거리 30cm에서 피크 조도가 1,500lux 이었습니다. 조사

5-2 성능표를 보는 방법

범위는 이 거리에서 ⌀4cm였습니다. 1m 정도 떨어지면 ⌀12cm가 되고, 3m 떨어지면 ⌀36cm 정도의 조사가 가능합니다. 비교적 좁은 범위의 휴대 라이트라는 것이 됩니다. 조도는 거리의 2승에 반비례하기 때문에 1m에서의 피크 조도는 135lux, 3m에서는 15lux가 됩니다.

조도(E:[럭스])와 광도(I:[칸델라]), 광속(L:[루멘])의 관계는 조사거리(D:[미터]), 조사면적(S:[m^2])으로써

$$E = \frac{I}{D^2}$$

$$E = \frac{L}{S}$$

의 관계가 있습니다.

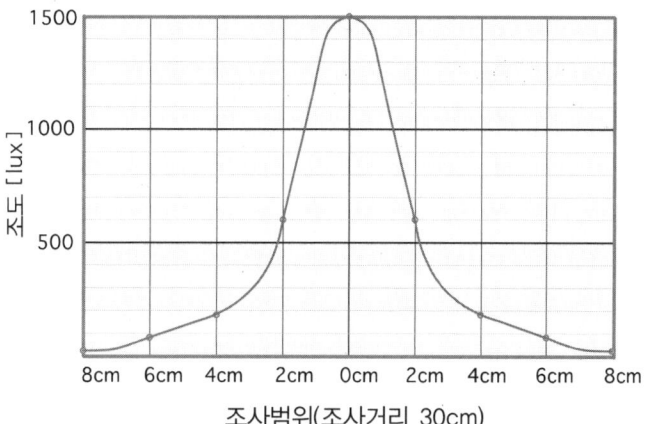

● 그림 5.2.12 2W 휴대 램프의 조사 특성

제5장 발광다이오드의 성능에 대해 알아보자

도시바 LED 카탈로그에는 광속[루멘] 데이터밖에 없고, 광도(I)와 지향 특성도(그림 5.2.11)의 상대치만 기술되어 있습니다. 광도(I)와 조도(E)를 실제 제품에 적용한 경우, 광속을 기준으로 하여 총 광속을 쌓기 위해서입니다. 광도(I)와 조도(E)의 환산을 정리하면 그림 5.2.13과 같습니다. LED 의 밝기(광도 I_θ)는 수직 방향(I_0)이 최대로 상대치가 1이 되고, 조사하는 각도(θ)가 바뀜에 따라 광도가 떨어집니다. 그 값은 원주상에 올라가는 자취가 됩니다.

따라서

$$I_\theta = I_0 \cos\theta$$

가 됩니다.

이 LED를 θ의 각도 방향으로 조사할 때의 수직에 배치된 평면으로의 조사거리(D_θ)는

$$D_\theta = \frac{D_0}{\cos\theta}$$

가 되고, 조도 E_θ는

$$E_\theta = \frac{I_\theta}{(D_\theta)^2}$$

이므로

$$E_\theta = E_0 (\cos\theta)^3$$

가 됩니다. 이 조도를 조사하는 면적(S)으로 적분하면 광속(L)을 구할 수 있습니다. 그림 5.2.5에서는 100[lumen]으로 되어 있기 때문에 광속 $L=$ 100[lumen]을 대입하면 희망하는 거리(D)에서의 중심 조도(E_0)와 주변 조도(E_θ)를 역산할 수 있습니다.

$D_0=0.5$m라 하면 $\theta=35°$가 포괄한 면적은 $S=0.39[m^2]$(반지름 0.35m)가 되어, $L=100$lumen의 광속이 이 면적에 조사되면

$$E = \frac{L}{S} = \frac{100}{0.39} = 286 [\text{lux}]$$

가 됩니다. 물론 이것은 평균 조도이므로 중심부는 두 배 정도의 조도가 있습니다.

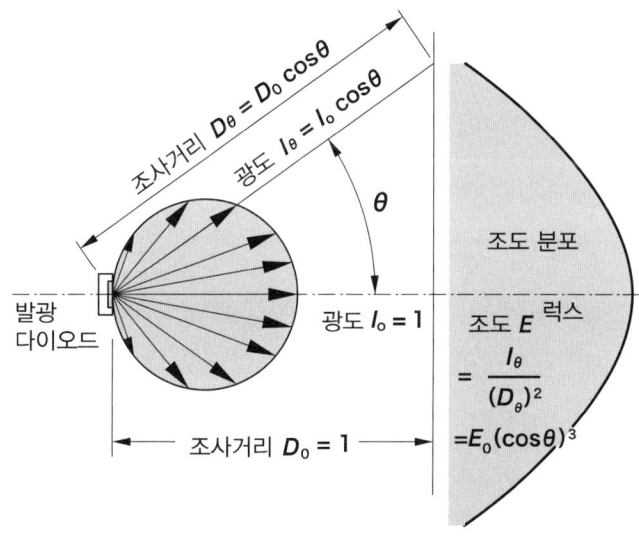

○ 그림 5.2.13 광도와 조도의 관계

동작 주위 온도

발광다이오드 자체의 동작 온도는 데이터시트에 기재되어 있습니다(그림 5.2.3 참조). 발광다이오드는 이 동작 온도를 지키면 성능대로 발광합니다.

발광다이오드가 발광할 때의 주위의 환경 온도는 발광다이오드의 발열이 충분히 빠져나갈 수 있는지에 의존합니다. 온도가 높은 환경에서는 발광다이오드 자체의 온도도 상승하는 것을 생각할 수 있고, 이것이 발광다이오드 수명에 영향을 줍니다. 옥외에서 사용하던지 열기관의 엔진룸 내에서의 사용 등 환경 조건이 엄격한 곳에서는 환기를 고려하여 발광다이오드 방열부에 온도 센서를 달아 온도를 관리해야 합니다.

수명

발광다이오드의 수명은 다른 광원에 비해 고수명이라 합니다(4-4절 참조). 확실히 실제로 사용해보면 수명이 길다는 것을 느낄 수 있습니다. 하지만 데이터시트에는 이 수명을 명기하고 있는 일은 거의 없습니다.

일반적으로 발광다이오드의 수명은 일반적인 사용 방식으로는 50,000시간이라 합니다. 50,000시간의 수명은 1일 10시간 점등하여 5,000일, 14년 가까이 됩니다. 전자기기에 사용되고 있는 표시용 LED는 10년에서 20년 경과해도 그것이 고장나서 점등하지 못하게 되는 경우는 흔히 없습니다.

LED 전구에 대해서는 아직 역사가 짧기 때문에 실적은 없습니다만 자동차에 사용되고 있는 LED 램프 등의 사용 실적을 보는 한, 보통 흔히 이야기

5-2 성능표를 보는 방법

하는 50,000시간은 어느 정도 신뢰해도 괜찮은 것이 아닌가 하는 생각이 듭니다. 이 수치는 물론, 정격으로 사용한 경우이고, 또한, 방열 대책을 충분히 세운 사용 환경에 한한 것입니다. LED 전구를 기존의 백열전구로 바꿔 사용하는 경우, 설치한 소켓 주변이 좁아 열이 달아나지 못해 방열이 생각대로 되지 않아 수명이 현저하게 저하된다는 보고도 있습니다. 발광다이오드의 수명은 흐르는 전류와 방열 대책이 가장 중요한 과제가 됩니다.

CHAPTER 06

발광다이오드를 능숙하게 사용하자

발광다이오드를 사용한 램프와 표시 장치가 많이 시판되고 있습니다. 발광다이오드의 발광 원리와 구조를 배워 실제로 사용된 제품의 응용 예와 스스로 장치를 만드는 경우에 대해 구체적으로 설명합니다. 본 장에서는 가장 간단한 회로 설명과 렌즈의 사용 방법, 방열에 대한 사고방식, 전원 선택, 스트로보 발광 장치 등에 대해 접하고 있습니다.

6-1 발광다이오드를 실제 사용할 경우의 주의점

발광다이오드는 기본적으로는 반도체 소자이므로 트랜지스터와 다이오드, 삼단자(三端子) 레귤레이터 등을 실제로 사용하여 회로를 구성하는 경우라면 취급에 관하여 충분히 이해할 수 있습니다.

반도체 소자에서 가장 주의해야 할 점은

(1) 전류 제어
(2) 발열 대책

입니다. 미소신호와 주파수가 높은 신호를 취급할 때는 노이즈에 주의해야 합니다만 소자를 망가뜨리지 않는 차원이라면 이 두 가지가 가장 큰 문제가 됩니다.

대부분의 발광다이오드는 3~20mA의 전류를 흐르게 합니다. 파워 LED라면 1~2A의 전류를 흐르게 합니다. 이런 전원을 확보하는 것이 다음의 주의점입니다. 건전지와 충전식 배터리를 사용할 때는 전지의 수명을 충분히 고려해야 할 필요가 있습니다(6-2절 참조).

 LED를 발진시킨다

발광다이오드의 발광은 몇 번이나 설명한 것과 같이 전류구동입니다. 흐르는 전류에 따라 발광휘도가 변화합니다. 발광다이오드에 흐르는 전류가

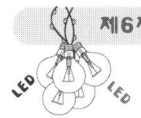
제6장 발광다이오드를 능숙하게 사용하자

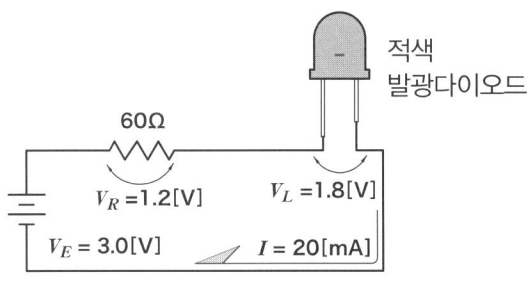

◎ 그림 6.1.1 기본 회로

변화하더라도 발광다이오드에 흐르는 전압은 크게 변화하지 않습니다. 따라서 사용하는 발광다이오드의 필요 전압(V_L)과 흐르는 전류(I)를 정하여 전원전압(V_E)에서 발광다이오드에 더해지는 전압(V_L)을 뺀 전압이 전류를 제어하는 저항에 걸리는 전압(V_R)이 되고 V_R과 I로 저항치를 구할 수 있습니다. 그림 6.1.1에 방금 설명한 관계를 나타냈습니다.

$$V_E = V_L + V_R$$

$$R = \frac{V_R}{I}$$

발광다이오드의 밝기를 자유롭게 조정하고 싶은 경우에는 발광다이오드에 흐르는 전류를 제어하면 되고, 저항의 수치를 바꾸는 것이 간단한 방법입니다. 그림 6.1.2에 전류를 제어하는 방법을 나타냅니다. 이 방법은 전류 제어용 저항을 가변저항으로 하여 전류치를 제어할 수 있습니다.

전광 게시판과 표식으로 사용되고 있는 발광다이오드의 전류제어로는 펄스폭 변조(PWN: Pulse Width Modulation) 방식을 채용하고 있습니다. 이는 발광다이오드에 흐르는 전류를 펄스폭으로 보내어, 펄스폭의 길이로 전력을 조절한다는 것입니다. 흐르는 전류와 전압도 일정하게 두고, 통전하는

6-1 발광다이오드를 실제 사용할 경우의 주의점

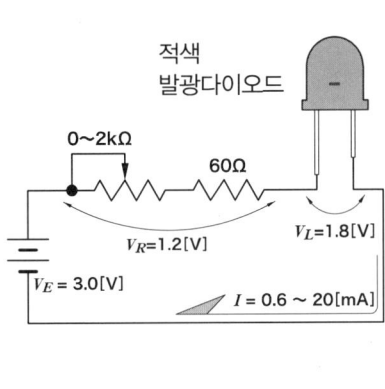
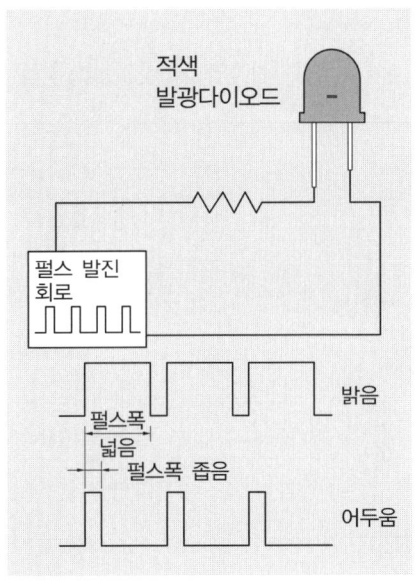

● 그림 6.1.2 가변저항에 따른 광량 조절(좌)과 PWM 방식에 따른 광량 조절(우)

시간을 펄스폭으로 정하여 외관상 밝기를 조정한다는 것입니다. 가변저항을 사용할 경우의 무시할 수 없는 전력소비 및 저효율 때문에 이 방법이 많이 사용되고 있습니다.

▎복수의 발광다이오드를 직렬로 접속한다

그림 6.1.3에는 발광다이오드를 직렬로 접속한 예를 나타내고 있습니다. 복수의 발광다이오드를 사용할 때 그림에 나타난 직렬 방식과 병렬 방식이 있습니다. 둘은 각각의 특징을 가지고 있고 목적에 맞게 사용됩니다.

직렬방식의 특징은 각 발광다이오드에 흐르는 전류가 같기 때문에 발광 휘도가 안정되어 있는 것입니다(단, 발광다이오드 자체에 발광의 불규칙이 없는 경우). LED 전구에서는 각 발광다이오드에 흐르는 전류에 불규칙이

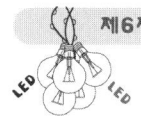

제6장 발광다이오드를 능숙하게 사용하자

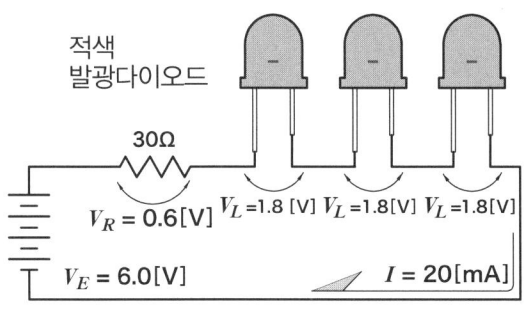

● 그림 6.1.3 직렬회로

생기면 발광휘도도 균일하지 않아 깨끗하게 조사할 수 없게 되거나, 색온도가 변해버립니다. 그런 문제를 해결하는 간단한 방법은 직렬로 발광다이오드를 접속하여 동일한 전류를 흐르게 하면 됩니다.

직렬접속의 결점은 접속하는 발광다이오드의 개수가 증가하면 전원전압을 높게 해야 합니다. 적색 발광다이오드를 10개 접속하면 여기에 더해지는 전압은 1.8[V]×10[개]=18[V]이 됩니다. 또, 직렬접속에서는 1개의 발광다이오드의 이상이 생겨 끊어지면 접속하고 있는 발광다이오드 전부가 점등하지 않게 되는 문제도 있습니다.

▌복수의 발광다이오드를 병렬로 접속한다

발광다이오드를 병렬로 접속하는 경우의 이점은 전원전압을 낮게 억제할 수 있다는 점과 1개의 발광다이오드가 이상이 생겨 끊어져도 다른 발광다이오드에는 영향을 주지 않는 점입니다(그림 6.1.4).

다음은 병렬로 접속한 경우, 흐르는 전류를 일정하게 유지하는 것이 간단하지 않은 점과 회로설계가 복잡해지는 점입니다. 각 발광다이오드에 전류제어를 위한 저항을 배치해야 합니다. 전체를 묶어 하나의 저항안으로 병렬

6-1 발광다이오드를 실제 사용할 경우의 주의점

회로를 만들려고 하면 한 개의 발광다이오드가 끊어진 경우, 여분의 전류가 다른 발광다이오드로 흘러 수명에 큰 영향을 줍니다.

대부분의 표시 장치에서는 직렬접속과 병렬접속의 장점만 모아 복합한 접속을 채용하고 있습니다.

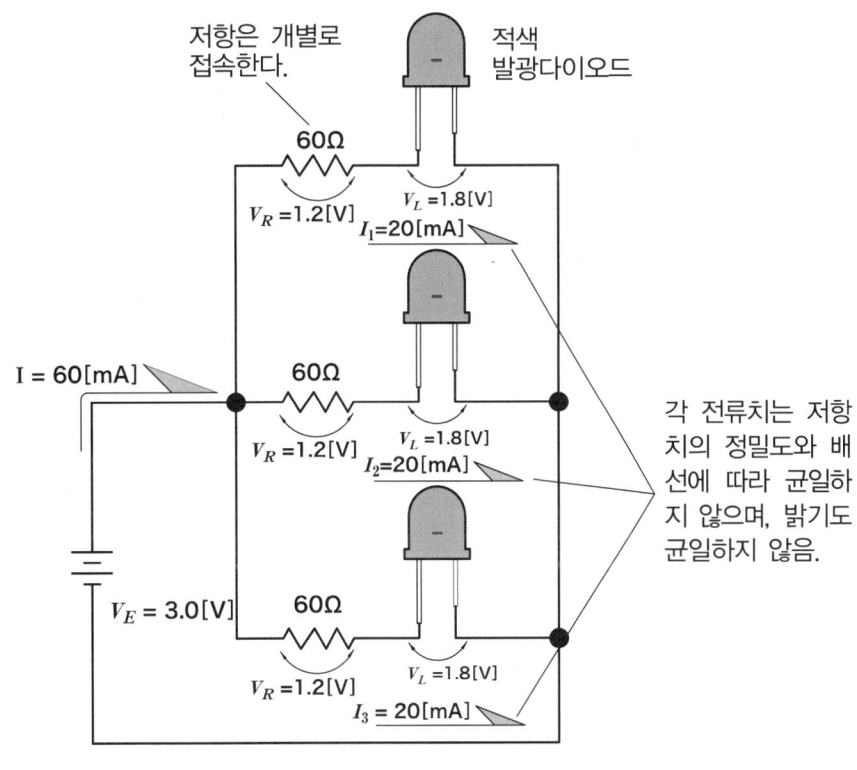

○ 그림 6.1.4 병렬회로

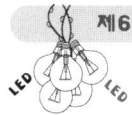

소자의 냉각에 주의한다

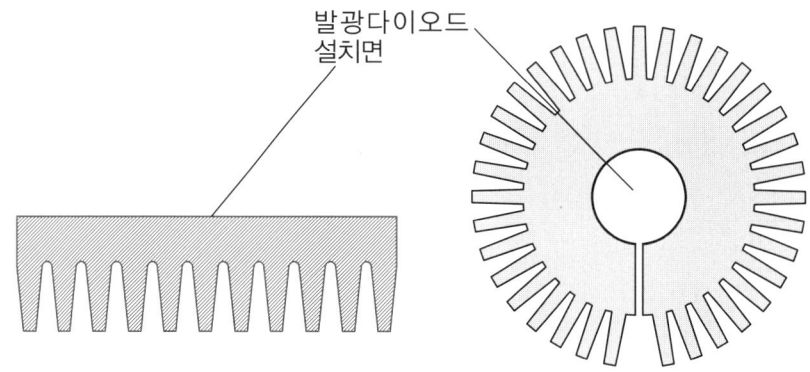

재질은 방열성과 가공성이 뛰어난 알루미늄 재질로 만들어진다.

방열성을 높이기 위해 핀을 이동하여 방열면적을 많게 하고 있다.

○ 그림 6.1.5 LED 방열판

파워 발광다이오드는 방열 대책에 상당히 고려하고 있습니다. 발광다이오드는 발열이 적은 광원이라 불립니다. 확실히 빛에는 열 성분은 포함되어 있지 않지만 소자 자체는 꽤 발열합니다. 반도체 소자는 열에 대해 허용도가 낮고, 최대 정격 이상의 전류가 흐르면 발열을 가속시켜 쉽게 파손됩니다. 이는 반도체의 특징인 결정 구조이기 때문에 열에 약한 것이 원인입니다.

따라서 발광다이오드를 사용하는 경우에는 발열을 억제하는 냉각 검토를 충분하게 해야 합니다. 발광다이오드의 사양에는 열저항이라 불리는 규격이 명기되어 있습니다(180페이지 참조). 이 사양에 따라 방열 대책을 실시합니다. 열저항은 소자가 1W당 소비하는 열량에 따른 온도 상승을 규정하는

6-1 발광다이오드를 실제 사용할 경우의 주의점

것으로 8℃/W라 하는 경우, 1W 소비에 8℃의 온도 상승을 동반하는 것입니다. 이를 방열판을 설치하여 최고 온도와 주위 온도의 온도차가 열저항 이상으로 하면 괜찮기 때문에 적절한 방열판과 냉각 처치를 해야 합니다.

일반적으로 발광다이오드로 인해 상당한 온도 상승이 예상되지 않는 한, 냉각팬 등은 사용하지 않고 방열판으로 대처하고 있습니다. 하지만 사용하는 곳이 고온의 환경인 경우 방열이 어렵게 되므로 강제 냉각 대책을 세워야 합니다.

LED광을 확대하고 집광시킨다

발광다이오드의 빛은 렌즈에 따라 확대하거나 집광시킬 수 있습니다. 그림 6.1.6, 그림 6.1.7은 파워 LED를 경통에 설치한 것입니다.

✪ 그림 6.1.6 경통(鏡筒)에 파워 LED를 설치한 것

제6장 발광다이오드를 능숙하게 사용하자

● 그림 6.1.7 앞부분에 집광렌즈를 설치한 상태 　　　사진제공 : Anfi Inc. 유한회사

시판되고 있는 파워 LED에는 소자 자체에 수지로 만들어진 반구형의 렌즈가 설치되어 있고, 지향성을 가지고 조사할 수 있도록 되어 있습니다. 거기에 더욱 LED를 원하는 대로 집광하거나 확대하고자 하는 경우에는 LED 앞부분에 렌즈를 설치합니다(그림 6.1.7 참조). 그림에 있는 것은 볼록형 집광

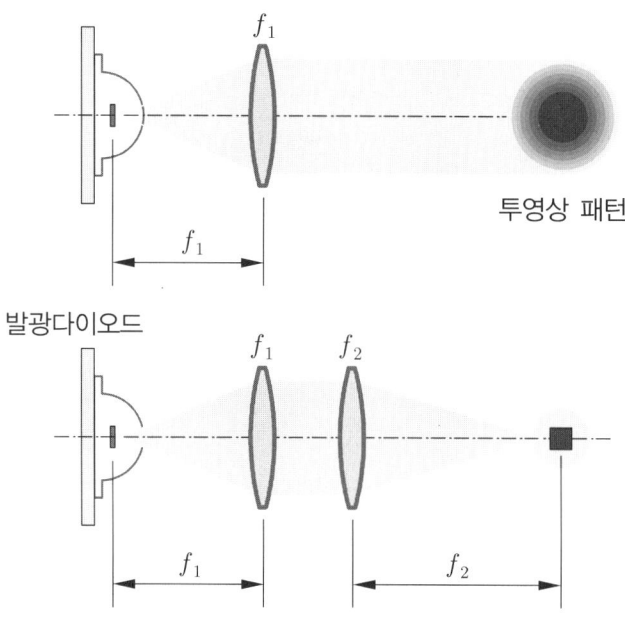

● 그림 6.1.8 집광 렌즈를 사용한 발광다이오드 집광

6-1 발광다이오드를 실제 사용할 경우의 주의점

렌즈이고, 발광다이오드부에서 방사되는 빛을 다시 집광시켜 대상물에 조사하는 기능을 가지고 있습니다. 조사한 대상물이 수 미리 정도의 작은 것인 경우에는 이 같은 집광렌즈를 사용하는 것은 유효합니다. 집광렌즈를 사용한 경우, 집광한 위치에 발광다이오드 소자의 형상이 그대로 투영됩니다.

LED광을 광섬유로 이끌어낸다

발광다이오드에 섬유를 설치한 방법을 소개합니다(그림 6.1.9 참조). 일반적으로 섬유를 사용한 경우, 광원에서 나온 빛을 집광렌즈를 통해 광섬유에 넣는 방식을 취합니다만 여기에서는 발광다이오드부에 직접 파이버를 삽입하는 방법을 소개합니다. 발광다이오드는 일반적인 포탄형인 것을 사용하고, 이에 사포와 드릴로 구멍을 뚫어 파이버를 꽂습니다. 파이버는 저렴한 플라스틱 파이버를 사용합니다. 드릴로 발광다이오드에 구멍을 뚫는 경우에는 발광 소자가 손상되지 않도록 깊이에 주의합니다.

투명 플라스틱 광섬유에 따른 LED 광원은 빛을 자유롭게 다룰 수 있기 때문에 좁은 범위를 조사하는 경우와 여러 개의 광섬유 LED로 동일 대상물을 균일하게 비추는 데 유효합니다.

그림 6.1.10에 보이는 파이버 광원은 반도체 레이저를 광섬유로 이끌어내 열 가공을 하는 장치입니다. 발광다이오드에서는 빔 밀도가 현격하게 다르기 때문에 열 가공용 광원으로 사용할 수 없습니다. 반도체 레이저에서는 이런 것이 가능합니다.

이 장치는 광원에 직육면체 상태인 반도체 레이저가 있고, 30W 출력의 808nm의 적외발진을 합니다. 30W는 전기입력은 아닙니다. 적외 광에너지

제6장 발광다이오드를 능숙하게 사용하자

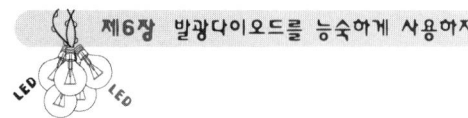

사포로 LED 앞부분을 평탄하게 깎는다.
처음에는 거친 사포로 하고, 부드러운 사포로
완성하면 빠르고 깨끗하게 된다.

수동 드릴을 사용하여 LED의 전극 가까이까지 구멍을 뚫는다.

광섬유의 단면을 깨끗하게 하기 위해(니퍼로 자르면 단면이 울퉁불퉁해진다), 광섬유를 평면인 나무 조각으로 고정한 후 부드러운 사포로 민다.

광섬유를 LED에 삽입하여 순간접착제로 고정한다.

LED 전극과 광섬유 단면의 광전달을 좋게 하기 위해, 광섬유 단면에 실리콘 오일을 조금 발라 삽입하면 단면의 울퉁불퉁한 것이 경감되어 효율이 좋은 광전달을 할 수 있다.

참고문헌 : 오오쿠보 타다시 '광섬유의 실험과 공작', 일본방송협회

○ 그림 6.1.9 LED의 가공 방법

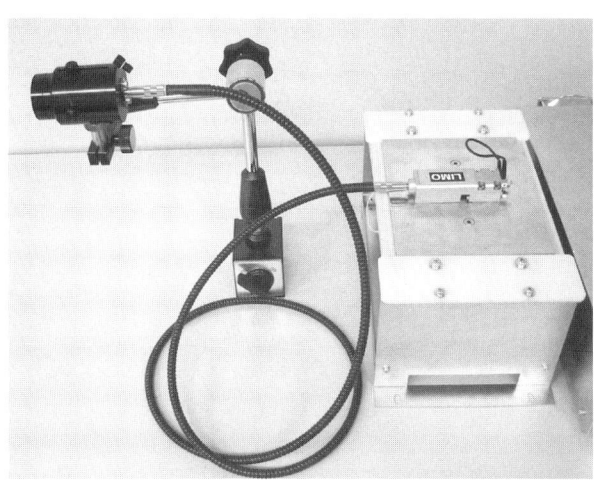

○ 그림 6.1.10 광섬유에 반도체 레이저를 설치한 가공 예

사진제공 : Anfi Inc. 유한회사

6-1 발광다이오드를 실제 사용할 경우의 주의점

출력입니다. 이것을 0.4mm 지름의 광섬유로 끌어내어, 투광렌즈로 가공할 부위에 조사(照射)합니다. 조사된 부위는 30W의 에너지가 φ0.4mm에 집광되므로 가열됩니다.

LED 스트로보로 사용한다

발광다이오드는 전류 응답이 좋아 $10\mu s$(1/10,000초) 정도의 발광을 할 수 있습니다. 또, 1초간 10,000회에서 100,000회의 발광도 문제없이 합니다.

그림 6.1.11에 나타낸 것은 BNC 케이블(계측용 신호 케이블)에 적색 발광다이오드를 설치한 것으로, 3~30V까지의 신호를 넣어 신호가 오는지 아닌지를 눈으로 확인하거나 계측용 카메라로 발광을 촬영하여 신호의 타이밍을 체크할 수 있는 것입니다. 이 타이밍 LED는 매우 간단한 구조이고 3,000mcd의

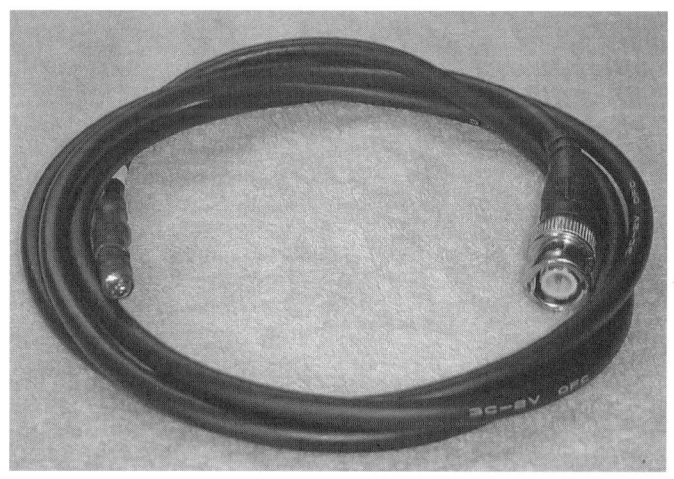

사진제공 : Anfi Inc. 유한회사

✪ 그림 6.1.11 BNC 케이블에 적색 LED를 설치한 타이밍 LED

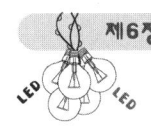

제6장 발광다이오드를 능숙하게 사용하자

광도를 가진 포탄형 고휘도 LED에 전류 제어용 저항(300Ω)을 달아 BNC 케이블을 처리한 것입니다. 여러 가지 목적으로 사용할 수 있어 유용합니다.

그림 6.1.12에 단시간 발광을 하기 위한 간단한 회로를 나타냈습니다. 펄스 신호는 시판의 펄스 제너레이터에서 희망하는 펄스 시간과 주파수를 정하고, 트랜지스터의 베이스로 넣어 발광다이오드를 구동시킵니다. 펄스가

LED 정격전류는 보통 10mA 정도이지만 펄스 모드에서는 열 부하가 경감되기 때문에 정격 이상의 전류를 흐르게 하더라도 망가지는 일은 없다.
과전류를 흐르는 비율은 발광 주파수와 발광 시간의 곱이 정상 발광에 가까워지면 좋기 때문에 이 관계를 토대로 전류 제어용 저항치를 구할 수 있다.

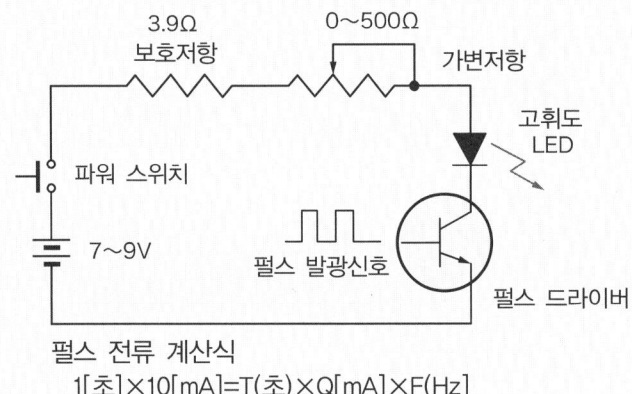

펄스 전류 계산식
1[초]×10[mA]=T(초)×Q[mA]×F(Hz)

발광시간 T	전류 발광주파수	
	1,000 Hz	3,000 Hz
1초	-	-
1 ms	10 mA	-
100 μs	100 mA	30 mA
10 μs	1,000 mA	300 mA
1 μs	10 A	3 A

✪ 그림 6.1.12 단시간 발광하는 간단한 회로도

6-1 발광다이오드를 실제 사용할 경우의 주의점

짧은 경우에는 최대 정격보다도 큰 전류를 흐르게 해도 발광다이오드가 망가지는 경우가 적기 때문에 강한 빛이 필요할 때에는 많은 전류를 흐르게 할 수 있습니다. 단, 메이커는 최대 정격전류 이상의 것에 대해서는 보증하지 않으므로 사용자의 책임과 사전 테스트로 성능을 확인해야 합니다.

그림 6.1.13은 스트로보 LED 장치입니다. 3W의 파워 LED와 스트로보 발진 회로를 넣은 전자제어장치입니다. 장치는 발광다이오드부와 발광다이오드를 구동하는 전원부로 구성되어 있습니다. 전원부가 커다란 것은 고정밀한 발진회로를 포함하고 있기 때문입니다. 이 장치에서 최소 $1\mu s$ 까지의 펄스 발광이 가능하고, 반복 발광도 1초간 최대 100,000회 할 수 있도록 되어 있습니다. 발광시간의 설정도 반복 발광회수도 조작 패널에서 설정할 수 있도록 되어 있고, 필요에 따라 외부에서의 전기신호로 발광할 수 있도록 하고 있습니다.

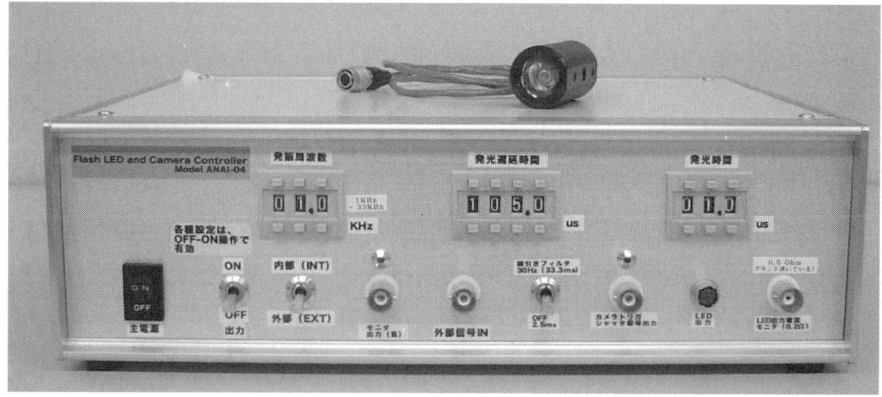

사진제공 : Anfi Inc. 유한회사

✪ 그림 6.1.13 발광시간과 발광주기를 임의로 설정할 수 있는 스트로보 LED

제6장 발광다이오드를 능숙하게 사용하자

【장치의 개요 사양】

- 발광다이오드　　： 백색 3W
- 발광시간 설정　： 1μs~10μs(0.1μs 단위 설정)
- 발광지연 설정　： 1μs~99μs(0.1μs 단위 설정)
- 발진주파수　　： 0.1kHz~10.0kHz(0.1kHz 단위 설정)
- 출력전류　　　： 1A
- 외부 동기　　　： TTL(5V) 신호에 따른 동기 발광(10kHz까지 대응)
- 전원　　　　　： AC 100V, ±10%, 50/60Hz

　이 스트로보 LED 광원은 잉크제트의 방울을 관찰하기 위해 개발한 것입니다. 촬영할 카메라를 현미경에 설치하여, 이 광원으로 미소물체 또는 고속으로 날아가는 대상물을 짧은 노광시간으로 정지시킵니다. 촬영과 스트로보 발광의 타이밍은 잉크제트 토출 장치에서 전기신호가 나오기 때문에 그 신호에 맞게 스트로보 LED 광원과 카메라의 촬영을 동기시키고 있습니다. 필요에 맞게 스트로보의 발광하는 시간을 지연시켜 희망하는 타이밍에 화상을 얻을 수 있도록 하고 있습니다.

　그림 6.1.14~그림 6.1.16은 여러 개의 LED를 넣은 스트로보 LED입니다. 한 개의 발광다이오드에서는 조사하는 면적이 한정되므로 사진과 같이 여러 개의 LED를 넣어 조사면적을 넓게 취할 수 있도록 고려되어 있습니다.

　이 스트로보 LED는 19개의 3W 타입의 파워 LED를 넣어 200mm 정도의 넓은 범위를 조사하도록 되어 있습니다. 19개의 파워 LED를 사용하기 때문에 전원부가 잘 만들어져 있습니다. 사진을 봐도 큰 전원부입니다. 전원부는 DC 36V로 7A(252W)의 전력을 발광다이오드에 공급할 수 있는 능력을 가지고 있습니다. 장치외부의 전기신호로 인해 발광합니다.

6-1 발광다이오드를 실제 사용할 경우의 주의점

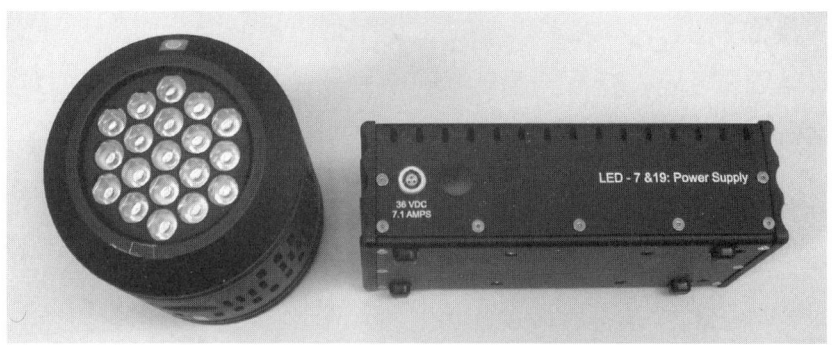

사진제공 : Integrated Design Tools, Inc.

● 그림 6.1.14 19개의 파워 LED를 배치한 스트로보 LED

발광을 촉진하는 외부에서의 전기신호는 발광부 뒷면에 있는 'Sync.IN'이라는 단자부터 넣습니다(그림 6.1.15 참조). 이 동기 신호는 5V의 펄스신호로, 0V에서 5V로 전기신호가 올라간 시점에서 발광다이오드가 발광할 수 있도록 되어 있습니다. 발광시간은 외부에서 신호가 들어오고 있는 동안만 빛납니다. 따라서 짧은 발광을 하고 싶을 때는 동기신호도 거기에 맞는 짧은 펄스신호로 할 필요가 있습니다.

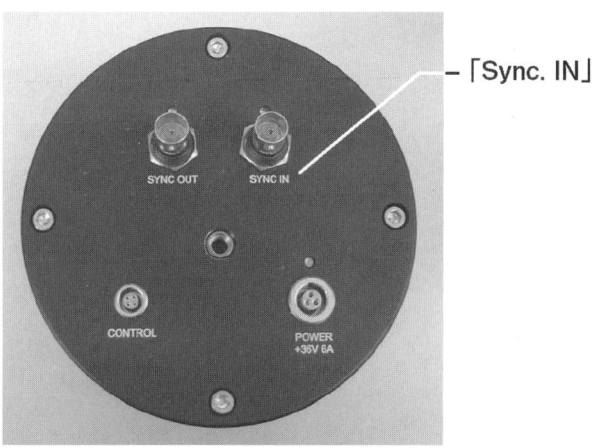

● 그림 6.1.15 그림 6.1.14의 제품 뒷면 패널

제6장 발광다이오드를 능숙하게 사용하자

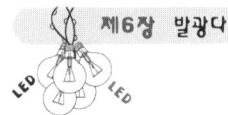

뒷면에 있는 'Sync.OUT' 단자는 'Sync.IN'에 입력한 것과 같은 신호가 출력되고 있으므로 다른 발광다이오드와 동기발광을 할 경우에, 그 발광다이오드의 'Sync.IN'에 동기신호를 공급할 수 있습니다.

이 스트로보 LED는 최소 발광 시간 $2\mu s$로, 최대 100,000Hz의 발광이 가능합니다. 비교적 넓은 조사범위로 열을 내지 않으면서 단시간 노광할 수 있으므로 고속 운동체의 촬영 목적으로 사용되고 있습니다.

그림 6.1.16은 발광다이오드를 일일이 알루미늄 홀더로 덮어, 이것을 필요에 맞게 쌓아 여러 개의 등(灯)의 발광다이오드로 한 것입니다.

경통(홀더)의 형상이 육각형으로 되어 있기 때문에 복수의 LED를 쌓기 편하게 되어 있습니다. 또, 경통부는 두꺼운 알루미늄 부재로 만들어져 있기 때문에 방열성에 뛰어난 것으로 되어 있습니다.

사진제공 : Integrated Design Tools, Inc.

✪ 그림 6.1.16 개수를 임의로 구축할 수 있는 파워 LED

6-2 발광다이오드에 사용하는 전원

발광다이오드는 트랜지스터와 같은 종류의 반도체이므로 전압보다도 전류제어가 중요한 요소가 됩니다. 물론 발광다이오드의 종류에 따라 발광에 필요한 전압은 다릅니다. 사용하는 발광다이오드에 필요한 전압과 흐르는 전류의 곱으로 전원의 필요 용량이 정해집니다.

예를 들면 500mA, 3.4V로 발광시키는 백색 발광다이오드는 소비전력이 1.7W가 됩니다. 이 경우의 필요한 전원은 발광다이오드에 걸리는 전압과 전류를 제어하기 위한 소자에 흐르는 전압의 합계가 필요해집니다. 6V의 전원을 준비하고, 전류제어를 위해 저항을 사용한다고 치고,

$$6[V] - 3.4[V] = 2.6[V]$$

500mA를 소비하는 저항은

$$\frac{2.6[V]}{0.5[A]} = 5.2[\Omega]$$

가 됩니다. 이 경우에 저항 성분이 소비하는 전력은 1.3W가 됩니다. 따라서 이 발광다이오드를 1.7W로 점등하기 위해서는 1.7[W]+1.3[W]=3[W]의 전력이 필요합니다. 전류제어를 하기 위해 그 만큼의 여분 전력을 확보하지 않으면 안 되는 것입니다. 이 여분의 전력이 에너지 로스와 발열 문제가 되므로 저항을 사용하지 않는 정전류회로가 사용됩니다.

제6장 발광다이오드를 능숙하게 사용하자

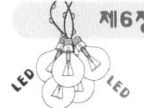

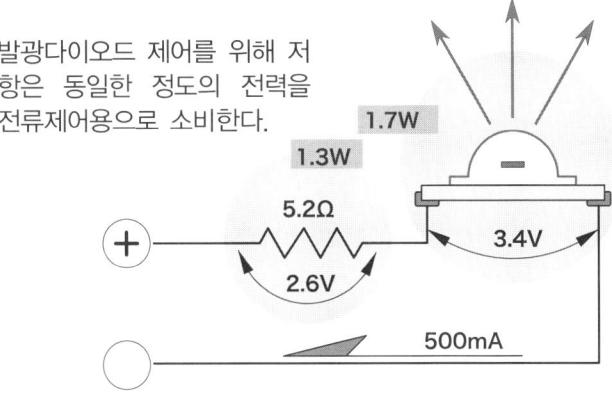

발광다이오드 제어를 위해 저항은 동일한 정도의 전력을 전류제어용으로 소비한다.

● 그림 6.2.1 LED와 전류제어용 저항의 관계

3W를 소비하는 발광다이오드를 단삼형 알칼리 건전지 4개를 직렬로 사용하여 발광하는 것을 생각해 봅니다. 단삼 알칼리 건전지의 용량은 보통 2,300mAh입니다. mAh(밀리암페어아워)란 전류와 시간의 곱의 단위로 2,300mAh 용량인 경우, 2,300mA를 흐르게 하면 1시간이면 없어지는 계산이 됩니다. 절반의 전류라면 2시간 사용할 수 있게 됩니다.

이 전지를 사용한 이번 예에서는 500mA의 전원을 흐르는 것이 되므로

$$\frac{2,300[\mathrm{mAh}]}{500[\mathrm{mA}]} = 4.6[\mathrm{h}]$$

4.6시간으로 전지의 수명이 다합니다. 쉬엄쉬엄 발광했다 치더라도 이 시간의 총 합계로 전지가 없어집니다. 건전지의 경우는 용량을 특정하기가 어렵고, 4개 전지의 특성이 균일하지 않으면 충분한 용량을 확보할 수 없거나 사용하는 온도에 따라 현저하게 수명이 좌우됩니다.

6-2 발광다이오드에 사용하는 전원

또, 사용하고 있는 동안에 전압이 점점 내려갑니다. 저항치를 넣은 것만큼의 전류제어에서는 안정한 출력을 얻을 수 없습니다. 건전지를 사용하는 경우에는 이런 것을 충분히 고려하여 사용해야 합니다. 발광다이오드를 장시간 안정하게 사용하는 데는 AC전원(상용전원)에서 전원회로를 만드는 편이 좋다고 합니다.

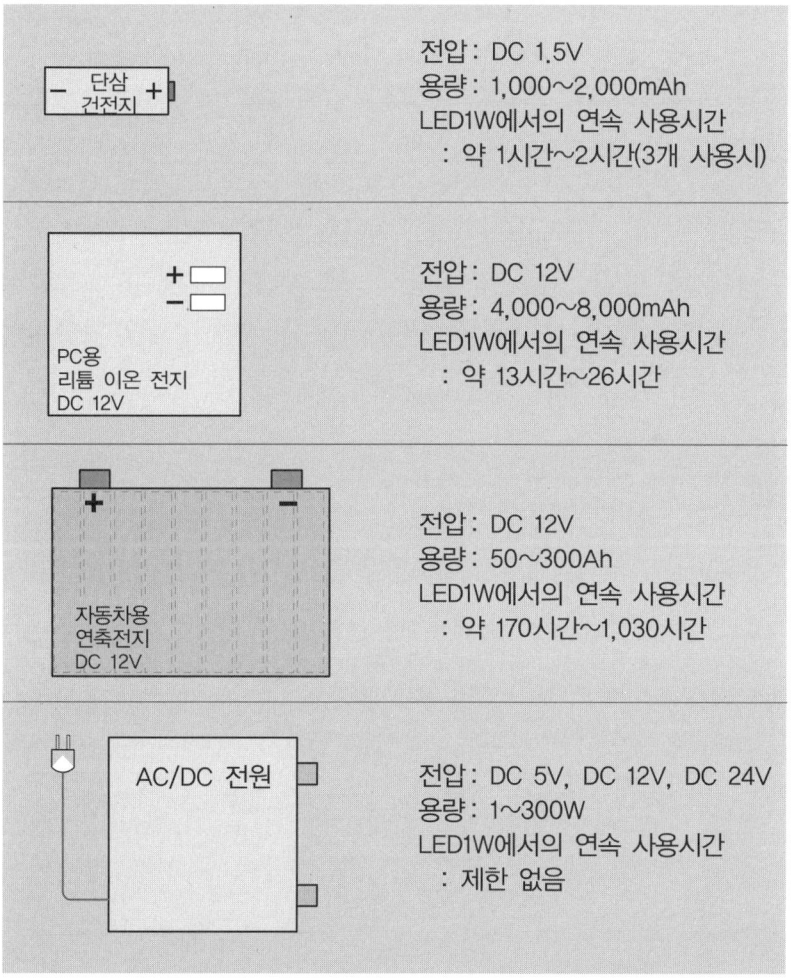

○ 그림 6.2.2 전원의 종류에 따른 연속 사용시간 비교

6-3 설치할 때 주의점

발광다이오드를 기기에 설치하는 것은 방열을 충분히 고려하여 설치부위, 회로기판에 단단하게 고정시킬 필요가 있습니다. 파워 LED의 경우에는 방열이 무엇보다도 중요한 요소가 됩니다. 대부분의 경우, 파워 LED에는 방열판이 부속품으로써 준비되어 있으므로 방열판을 포함하여 기기에 설치하는 것을 검토해봐야 합니다.

발광다이오드에는 면실장형인 것과 리드핀이 나온 포탄형인 것이 있습니다. 면실장형인 것은 기판면에 땜납으로 직접 설치합니다. 땜납 설치한 경우, 발광다이오드는 단단하게 고정됩니다. 리드핀이 나온 포탄형인 것은 다리를 길게 하면 쉽게 부러질 수 있으므로 주의해야 합니다.

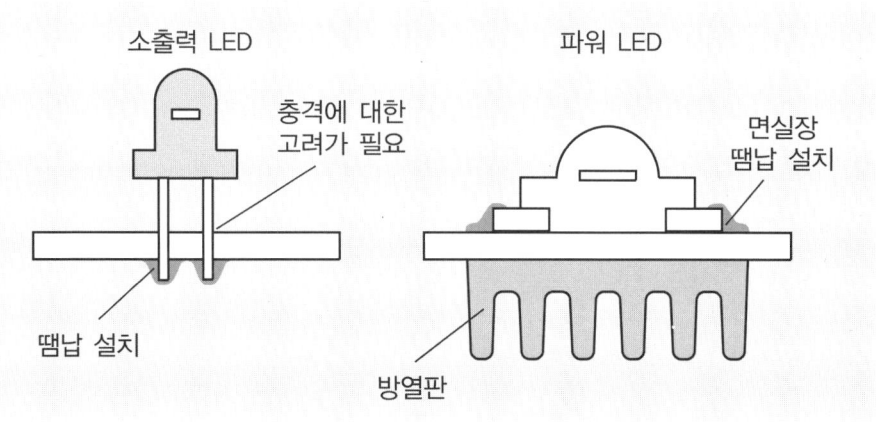

● 그림 6.3.1 LED의 설치 방법

6-4 사용 환경과 방열 대책

발광다이오드는 취급이 간단하다는 것이 특징입니다. 발광다이오드는 반도체 소자는 수지로 단단하게 만들어져 있으므로 유리관에 비해 진동과 충격에 대해 강한 강도를 가지고 있습니다. 따라서 아웃도어용품인 휴대용 램프와 자전거의 램프, 휴대용 카메라의 광원으로 수요를 늘리고 있습니다. 또, 다른 광원(특히 백열전구)과 같이 등구(灯具)가 화상을 입을 정도의 발열을

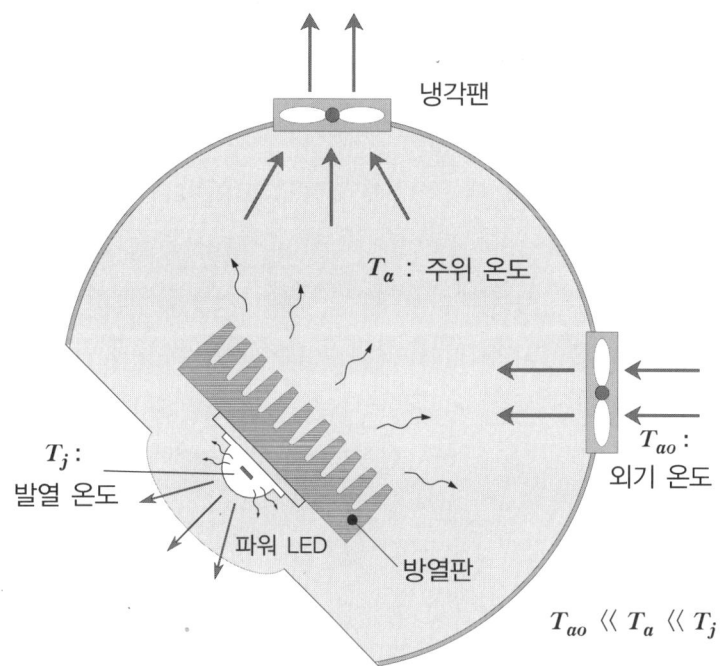

○ 그림 6.4.1 밀폐 환경에서의 방열 대책

동반하지 않으므로 설치하는데 자유롭습니다. 그 때문에 여러 장소에서 사용하게 되었습니다.

단, 발광다이오드 자체가 온도에 대해 약하기 때문에 방열 대책만은 충분히 해두어야 할 필요가 있습니다. 발광다이오드 자체는 80℃~100℃ 정도(T_j)까지 견딜 수 있으므로 설치하는 기기와 방열판이 50℃ 이하(T_a)로 유지하고 있으면 문제없이 사용할 수 있습니다. 또, 주위온도(T_a)도 그 정도의 온도라면 문제없이 사용할 수 있습니다.

발광다이오드를 설치할 때 주의해야 할 점은 그림 6.4.1과 같은 밀폐된 상황에서 사용할 때입니다. 밀폐된 상태 속에서는 주위 온도가 상승하여 발광소자가 견딜 수 있는 온도 이상이 되어 버리는 것입니다. 표시용 발광다이오드 등에서는 거의 문제가 없지만 파워 LED인 경우에는 수 W의 발열을 동반하므로 충분하게 고려해야 합니다.

습도에 관해서도 언급해 둡시다. 발광다이오드는 구조상 견고하므로 그리 주의를 기울이지 않더라도 다습한 곳에서도 충분히 성능을 발휘합니다. 오히려 관련된 전자회로 쪽에 고려해야 합니다. 특히 이슬이 맺히는 곳에서는 전기적 쇼트서킷을 일으킬 가능성이 있으므로 이슬이 맺히지 않는 환경에서 사용해야 합니다. 이슬은 장치가 차갑고 외부 공기가 따뜻할 때에 맺힙니다. 마치 여름에 차가운 알루미늄 캔을 두면 캔 주변에 물방울이 생기는 것과 같은 상태입니다. 장치를 차가운 곳에서 따뜻한 곳에 넣으면 이슬이 맺힙니다. 거꾸로 즉, 장치가 따뜻하고 주위 온도가 낮은 경우에는 이슬이 맺히지 않습니다. 일반적으로 장치의 전원을 계속 켜두면 장치는 적당히 따뜻해지므로 이슬이 맺힐 걱정은 없습니다.

부록

LED에 관한 Q&A

발광다이오드 전반에 관한 Q&A입니다.
기초부터 이해하는 초급편부터 빛, 전기, 열로 나눈 상급편까지 알고 있는
부분이 있으면 먼저 체크하십시오.

부록 초급편

Q1 발광다이오드와 LED는 같은 의미입니까?

:: A 같은 의미입니다. 영어 표기는 LED(엘이디)이고, 한국어로는 발광다이오드입니다. 발음하기 쉬운 쪽을 사용하고 있습니다. LED는 "Light Emitting Diode"의 약자로 빛나는 반도체 소자(다이오드)라는 의미입니다.

Q2 발광다이오드는 누가 생각한 것입니까?

:: A 아이디어는 100년 정도 전부터 있었습니다. 그 실용화가 어려웠던 것입니다. 발광다이오드도 초기의 것은 적외 발광이기 때문에 사람의 눈에는 보이지 않았습니다. 적색 발광이 생긴 것은 1961년 미국의 대기업 전기회사에서 연구를 하고 있던 홀로냑이란 사람이고, 지금부터 약 50년 정도 전의 일입니다. 반도체 제조기술의 발달로 실용화되어 최근 발전은 다음과 같습니다.

Q3 발광다이오드의 '다이오드'란 무엇입니까?

:: A 다이오드는 반도체 소자를 대표하는 소자 중 하나입니다. 반도체 소자를 대표하는 것 중에는 다이오드 외에 컴퓨터소자(CPU: Central Processing Unit)와 기억소자(ROM: Read Only Memory, RAM: Random Access Memory), 트랜지스터소자, IC가 있습니다. 다이오드(Diode)는 그 중에서 가장 구조가 간단하고 심플한 것입니다. 이것은 전기의 흐름을 한방향으로 밖에 흐르게 하지 않는 기능을 가진 것으로, 교류전원에서 직류전원을 만들 때와 극성을 잘못 접속했을 때 소자

부록 LED에 관한 Q&A

의 파괴를 막는 목적으로 사용됩니다. 그 다이오드의 구조에서 발광을 촉진하는 소자가 만들어졌습니다.

Q4 반도체란 무엇입니까?

:: A   현재 전자기기 장치의 전자회로에 사용되고 있는 트랜지스터와 IC로 대표되는 소자의 재료입니다. 게르마늄(Ge)과 실리콘(Si), 비화갈륨(GaAs) 등이 유명합니다. 반도체라는 어원은 전기가 잘 통하는 것(도체), 전기가 통하지 않는 것(절연체), 그 중간에 있는 것(반도체)으로 분류한 것을 말합니다. 게르마늄과 실리콘은 전기가 통하지 않는 절연체입니다만 결정구조를 조금만 바꿔주면 반도체의 성질을 가지게 됩니다. 이런 반도체는 전기적인 특성에 특징이 있고, 전류 증폭 기능과 전력 증폭, 고속 스위칭을 할 수 있는 기능을 가지고 있습니다. 발광다이오드는 발광기능을 가진 반도체 소자입니다.

Q5 발광다이오드는 왜 각광받고 있습니까?

:: A   인류가 발명해 온 인공광원 중에서 발광다이오드는 가장 새로운 것입니다. 그 특징은 소형이고 사용하기 쉽고, 수명이 길기 때문에 주목되어 발전해왔습니다. 주변의 전자기기에 넉넉하게 사용하고 있는 표시장치가 발광다이오드입니다. 15년 정도 전보다 휘도가 높아 백색의 발광다이오드가 개발되면서 표시장치 이외에도 광원으로써 주목을 받을 수 있게 되었습니다. 최근 몇 년은 그런 발광다이오드의 가격이 내려가고 가정용 조명기구로써 전기요금 절약과 교환이 편리해져 수요가 증가하고 있습니다.

이 같이 발광다이오드는 기존의 광원과는 크게 다른 특징을 가지고 있는 점으로부터 주목을 받고, 해마다 개량되어 발전하고 있는 광원입니다.

Q6 발광다이오드가 발광하는 데는 어떤 전원이 필요합니까?

:: A 발광다이오드에 사용하는 전원은 건전지 정도의 간단한 전원으로 발광시킬 수 있습니다. 다른 조명장치와 달리 낮은 전압(약 2~6V)으로 발광시킬 수 있습니다. AC 100V의 상용전원을 사용할 필요도 없습니다. 이런 간편함이 휴대용 라이트(손전등)나 다른 여러 용도로도 사용되는 큰 이유입니다.

발광다이오드는 발광하는 색에 따라 전원이 다릅니다. 적색 발광다이오드는 2V 정도의 전압으로 발광합니다만 청색과 백색 발광다이오드는 3.5~4V의 전압이 필요합니다. 그래도 다른 광원에 비하면 충분히 낮은 전압입니다.

Q7 발광다이오드에 AC 100V의 상용전원은 사용할 수 없습니까?

:: A 발광다이오드는 직류전원밖에 사용할 수 없습니다. 상용전원(AC 100V)을 사용할 때는 별도 AC 100V에서 직류전압을 만드는 AC/DC 전원을 준비합니다. 컴퓨터와 텔레비전 등의 전자기기에는 모두 이런 AC/DC 전원이 내장되어 있고, 그 DC전원에서 장치에 설치된 발광다이오드를 빛나게 하고 있습니다.

Q8 발광다이오드는 왜 단색광입니까?

:: A 발광다이오드의 발광 메커니즘이 백열전구 및 태양광과 다르기 때문입니다. 적색과 청색 등 한정된 빛만 내는 광원은 발광다이오드 외에 레이저와 나트륨 램프, 수은 램프 등으로 볼 수 있습니다. 백색 광원과 단색 광원은 발광 메커니즘이 근본적으로 다릅니다. 발광을 일으키는 주요 재료에는 대부분의 파장 성분을 발광시키는 것과 정해진 파장만 발광하는 것이 있습니다. 발광다이오드는 후자입니다. 백색 발광다이오드는 삼원색의 발광다이오드가 부착되어 있어 백색으로 하고 있는 경우와 청색 발광다이오드에 형광재를 도포하여 청색 발광에서 황색 형광

부록   LED에 관한 Q&A

발광을 촉진하여 유사한 백색으로 하고 있는 경우가 있습니다. 점등하고 있지 않을 때의 발광다이오드를 보아 발광부가 황색인 경우 그것은 백색 발광다이오드입니다. 어떠한 경우라 해도 발광다이오드의 가장 중요한 원칙은 단색 발광입니다.

Q9 발광다이오드는 열이 나오지 않습니까?

:: A   열은 나옵니다. 발광다이오드부의 주재료에서 발열이 있습니다. 발광자체는 단색 성분이므로 그것에는 열 성분이 거의 포함되어 있지 않습니다. 발광다이오드에서는 출력이 높은 파워 LED가 될수록 방열을 고려해야 합니다. 그 이유는 LED의 주재료에서 발하는 열을 제거하여 스스로의 열로 타격받는 것을 방지하기 위해서입니다. 일반적으로 발광다이오드에서는 소비하는 전력의 65%에서 85%가 열로 바뀌므로 35%에서 15%를 빛으로써 이용하고 있습니다.

Q10 발광다이오드에는 왜 여러 개의 형상이 있는 것입니까?

:: A   발광다이오드를 다양한 목적으로 사용하기 위해 여러 형상의 것을 개발하고 있습니다. 일반적인 것은 투명 수지로 덮여진 포탄형인 것으로 표시장치와 소형 램프로 이용하고 있습니다. 출력이 높아지자 방열 대책을 세운 설치 면적이 큰 면실장형인 것과 전기회로 기판에 효율적으로 배열할 수 있는 사각형 타입이 개발되고 있습니다.

Q11 발광다이오드와 반도체 레이저는 다릅니까?

:: A   형제라고 생각해도 좋습니다. 사용하고 있는 반도체 재료는 전부 같습니다. 즉, 비화갈륨(GaAs)이라든지 질화갈륨(GaN) 등 발광다이오드에서 사용하고 있는 반도체 결정이 그대로 반도체 레이저에서 사용되고 있습니다.

반도체 레이저와 발광다이오드의 큰 차이는 레이저 발진의 여부입니다. 반도체 레이저는 발광다이오드에 더욱 연구하여 레이저 발진을 할 수 있는 구조로 하고 있습니다. 따라서 반도체 레이저는 레이저 포인터에서 볼 수 있듯이 직진성이 좋고, CD와 DVD, Blu-ray의 광원에서 볼 수 있듯 빔 스폿을 미크론 레벨로 집광할 수 있습니다. 반도체 레이저를 발진시키기 위한 전원은 발광다이오드와 같습니다.

Q12 발광다이오드는 왜 수명이 깁니까?

:: A 백열전구와 형광등에 비해 발광다이오드에는 수명에 큰 영향을 주는 필라멘트(가열 발광부)가 없습니다. 백열전구와 형광등은 필라멘트가 끊어졌을 때가 수명을 다한 것입니다. 필라멘트는 고온에 노출되기 때문에 끊임없이 발열하며 가늘어져 1,000시간 정도면 끊어집니다. 또, 유리관이고 내부는 진공에 가까운 저압입니다. 진공도가 없어지거나 유리관에 균열이 생겨도 수명을 다하게 됩니다. 발광다이오드에는 필라멘트와 같은 것도 없고 또 견고한 고체로 되어 있기 때문에 수명을 결정짓는 요인이 거의 없습니다. 발광다이오드의 수명은 소자의 결정구조가 세월이 지나 변화한 경우와 제조상 문제로 열화가 일어나는 요인에 한하기 때문에 통칭 50,000시간이라는 수명을 달성하고 있습니다. 일반적으로 파워 LED는 열에 문제가 있어 50,000시간이라는 수명은 달성하지 못했습니다.

Q13 발광다이오드에 약점은 없습니까?

:: A 발광다이오드는 반도체 소자이므로 전기적으로는 반도체 소자의 약점이 발광다이오드의 약점이라 할 수 있습니다. 즉, 스스로의 발열에 약하고, 정격 이상의 전류를 흐르게 하면 쉽게 파괴되고, 전압에 대한 자유도가 낮은 것 등입니다. 조명장치로 보면 고출력화가 어렵고, 백색의 색상이 자연스럽지 않고 불규칙하고, 출력에 비해 가격이 높은 것 등을 들 수 있습니다.

부록 LED에 관한 Q&A

하지만 이런 약점도 장점 쪽이 훨씬 크기 때문에 기술을 개량하여 차례대로 개선해 나갈 것을 기대할 수 있습니다.

Q14 청색 발광다이오드는 왜 굉장한 발명입니까?

:: A 발광다이오드는 적외 발광의 소자부터 개발되어 적색, 황색, 녹색의 짧은 파장으로 개발되었습니다. 청색 발광다이오드가 생기면 삼원색의 발광 소자가 완성되므로 전색 발광의 응용이 확대될 것이라 기대하고 있었습니다. 대부분의 발광다이오드 종사자들이 그것을 바라고 있었습니다만 제조하기가 어려웠습니다. 1980년대 전반까지는 제조하는 것이 원리적으로 무리라고 하여 실용화하기는 거의 불가능했습니다. 그 어려움을 극복하여 청색 발광다이오드를 개발한 것은 일본의 기술자입니다. 그 덕으로 콤팩트한 백색 발광다이오드를 만들어 청색 반도체 레이저가 생겨, Blu-ray의 대용량 레이저 디스크 개발로 이어졌습니다. 한 가지의 난관을 돌파한 것이 큰 파급효과를 낳은 적절한 예라고 할 수 있습니다.

Q15 발광다이오드의 성능은 어느 것이 가장 중요합니까?

:: A 발광다이오드의 성능을 사용자 측에서 단적으로 파악할 수 있는 요소는 다음의 4가지입니다.

1. 발광파장
2. 발광광도(또는 출력)
3. 형상
4. 사용전원

우선 발광다이오드의 발광색이 어떤 색인지가 중요합니다. 조명용으로 사용한다면 백색 발광다이오드가 필요하고, 표시등이라면 적색과 녹색이 필요할지도 모릅니다. 다음으로 밝기입니다. 파워가 큰 것이 필요한지 표시만 하는 발광이어도 괜찮은지가 중요해집니다. 그 다음으로 실제로 사용하는 발광다이오드를 어떻게 설치하여, 필요한 전원을 어떻게 공급할지가 문제가 됩니다. 부차적으로 사용 환경과 사용 시간을 고려하여 발열 대책을 실시합니다.

Q16 세상의 모든 광원은 발광다이오드로 바뀌게 됩니까?

:: A 발광다이오드의 수요는 해마다 증가하고 있습니다. 조명장치로써의 수요가 가장 큰 요인입니다. 표시장치(액정 패널, 대형 디스플레이)의 수요도 증가하고 있습니다. 현재 사용하고 있는 광원의 대부분이 발광다이오드로 바뀔 가능성을 가지고 있습니다. 단, 현 시점에서는 모두 바뀌는 데는 아직 여러 문제가 있습니다. 예를 들면 천장이 높은 큰 홀에서의 조명설비라든지 스타디움 조명, 가로등 설비 등은 고휘도이고 광범위한 광원이 필요합니다. 영화관의 영사기와 액정 프로젝터 광원으로는 휘도가 부족합니다. 가정의 전구를 LED 전구로 바꾸는 데는 가격이 가장 큰 요소를 차지합니다.

이런 점을 생각하면 발광다이오드는 착실하게 응용분야를 넓히고는 있지만 목적에 맞게 사용해야 합니다.

부록

상급편(빛 관련)

Q17 발광다이오드의 밝기의 정의는 무엇으로 정하고 있습니까?

:: A 적색 발광다이오드가 판매되었을 때 밝기의 척도로 광도(cd: 칸델라)가 사용되었습니다. cd의 단위가 발광다이오드로는 크기 때문에 1/1,000인 mcd(밀리 칸델라)가 사용되고 있었습니다. 광도는 점광원에서 자주 사용하는 밝기의 단위이고, 조사면까지의 거리(m)로 나누면 조도(lux: 럭스)를 간단하게 구할 수 있기 때문에 편리했습니다.

발광다이오드의 파워가 커지면서 흥미의 대상이 소비하는 전력으로 이동하고, 소비전력(W: 와트)의 정도로 파워 LED의 밝기를 추측할 수 있게 되었습니다. 이는 백열전구와 형광등이 전력 표시를 사용하고 있는 것과 같은 의미입니다. 파워 LED 중에는 상기의 밝기 표시 외에 광속(lm: 루멘)으로 표시한 것이 있습니다. 광속은 그것을 조사하는 면적으로 나누면 조도가 나오기 때문에 밝기 환산을 비교적 하기 쉽다는 특징이 있고, 조명 광원으로 사용하는 파워 LED에 이것이 기재되어 있습니다.

Q18 빛의 단위인 cd(칸델라)란 무엇입니까?

:: A 칸델라는 광도라는 단위입니다. 빛을 정의했을 때 가장 먼저 이 단위가 채택되어 빛의 국제단위가 된 것입니다. 1cd의 밝기를 가진 광원은 1m의 거리를 떨어져 1lux의 조도로 비추는 능력을 가집니다. 조도는 거리의 2승에 반비례하므로 2m 거리에서는 1/4인 0.25lux가 됩니다.

발광다이오드의 cd 표기(실제로는 1/1,000 단위인 mcd)는 초기의 적색 발광

상급편(빛 관련)

다이오드로 자주 사용되고 있었습니다. 1980년대 후반에 '고휘도 발광다이오드 1,000mcd'라는 선전문구가 나왔을 때, 그 눈부심이 1,000mcd라고 감탄했던 기억이 있습니다. 그 눈부신 빛도 1m 떨어진 곳에서는 1lux 정도의 조사능력밖에 없었습니다.

Q19 빛의 단위인 lumen(루멘)이란 무엇입니까?

:: A 루멘은 광속의 단위입니다. 광도 1cd(칸델라)에서 단위입체각(st: 스테라디안)에 방사된 빛의 양을 1lumen이라 합니다. 단위입체각이란 이름은 어렵습니다만 반지름 1m인 구의 표면을 단위입체각이 차지하는 면적이 $1m^2$가 되는 각도입니다. 전체는 4π 스테라디안인 입체각이 됩니다. 광속은 그것이 어느 면적에 입사했을 때, 광속을 면적으로 나눠 주면 조도[lux]가 나온다는 편리함이 있습니다. 조명광원용 LED 성능표에 자주 사용되는 수치입니다.

Q20 빛의 단위인 W(와트)란 무엇입니까?

:: A 발광다이오드의 빛의 단위로 취급되는 W는 소비전력의 단위입니다. 밝기는 아닙니다. 백열전구와 형광등이 소비전력인 W표시를 밝기의 표준으로 하고 있기 때문에 이 단위를 사용하고 있습니다. 가정용 백열전구는 60W인 것이 많고, 원형 형광등은 30W가 일반적입니다. 8.7W인 LED 전구는 600W인 백열전구와 밝기가 같다고 여겨지므로, 소비전력을 단순 비교하여 1/7로 전력을 절약할 수 있는 것을 간단하게 알 수 있습니다. 이 같이 전력을 중시하는 파워 LED에서 자주 사용되는 단위가 W입니다.

또, W에는 광에너지로써 실제로 이 단위로 표시되어 있는 것이 있습니다. 레이저에서 이 표기를 볼 수 있습니다. 레이저는 광에너지로 취급하는 편이 편리하므로 이와 같은 성능 표기를 채용하고 있습니다.

부록 LED에 관한 Q&A

Q21 조도는 발광다이오드의 성능과 관계가 없습니까?

::A 조도는 밝기의 표기 중에서 가장 친숙하여 알기 쉬운 것이지만 2차적인 것입니다. 즉, 같은 광도를 가진 광원이라도 조사하는 거리에 따라 조도는 변합니다. 불변하는 밝기 표기를 하기 위해서는 조도 표기는 적합하지 않습니다. 앞서 서술한 광도와 광속으로 간단하게 조도를 구할 수 있으므로 발광다이오드의 카탈로그에는 굳이 기재되어 있지 않습니다. 덧붙여 말하면 사무실 책상의 조도는 500lux에서 1,000lux가 적당하고, 저녁에 거실에서 쉴 때는 50lux에서 300lux 정도가 좋다고 합니다. 바깥의 맑게 갠 하늘은 하지(夏至) 경에 120,000lux이고, 밝고 구름 낀 하늘은 10,000~30,000lux입니다.

이 같이 조도는 실생활에 밀접한 것입니다만 광원 성능을 결정하는 직접적인 단위는 아닙니다.

Q22 백색 발광다이오드에는 여러 색상이 있습니까?

::A 백색 발광다이오드를 보고 있으면 푸르스름한 것과 붉그스름한 것 등 여러 가지가 있습니다. 같은 모델의 백색 발광다이오드에서도 제조 경로에 따라 균일하지 않기 때문에 데이터시트에는 세 가지로 나눠 색상이 비슷한 것을 입수할 수 있도록 되어 있습니다. 백색 발광다이오드의 대부분은 청색 발광다이오드를 사용하고 있고, 그것에 황색 형광재를 도포하여 유사적으로 백색으로 하고 있기 때문에 그들의 조합으로 제조할 때 색이 균일하지 않습니다. 발광다이오드는 원리상 포톤(photon)에 의한 발광을 합니다만 소자 내부에서는 당연히 열도 발생하고, 이것이 포논(phonon)이 됩니다. 포논을 제어하여 포톤을 내는 것이 발광효율을 향상시키는 열쇠가 됩니다.

상급편(빛 관련)

Q23 CIE가 정한 색도도(色度圖)란 무엇입니까?

:: A 컬러의 색상을 X좌표와 Y좌표의 수치로 특정한 방법입니다. 국제조명위원회(CIE: Commission Internationale de I'Eclairage)가 규격화한 것입니다. 색을 좌표치로 표현할 수 있고 비교적 간단하게 색상을 특정할 수 있으므로 발광다이오드의 색 표시에 자주 사용됩니다.

Q24 도대체 빛이란 무엇입니까?

:: A 매우 어려운 질문입니다만 인간의 눈에 보이는 범위의 전자파라고 표현하면 대체로 맞는 것은 아닐까요? 에너지의 형태로써 전자파가 있고, 이 중에는 적외선과 가시광과 자외선, X선까지 포함됩니다. 전자파 에너지에서 인간의 생활과 밀접하게 관련되고, 시각으로 인식할 수 있는 것은 빛으로 생각해도 좋다고 봅니다. 빛의 범주에 인간의 눈에는 보이지 않는 적외선과 자외선, X선도 들어있습니다.

Q25 점광원, 면광원이란 무엇입니까?

:: A 광원의 발광 형태에서 형광등과 같이 광원면 전체가 빛나는 것을 면광원이라 하고, 아크등과 제논 라이트와 같이 한 점에서 방사 상태로 광방사 되는 것을 점광원이라 합니다. 촛불도 점광원의 일종입니다. 서치라이트와 가로등 등과 같이 멀리 빛을 보내는 데는 점광원이 바람직하고, 넓은 범위를 균일하게 비추는 데는 면광원 쪽이 뛰어납니다. 면광원은 부드러운 빛으로 그림자는 흐리게 생깁니다. 점광원은 확실한 그림자를 만듭니다. 작업장과 수술실은 그림자가 생기면 작업하기 어려우므로 면광원에 의한 무영등을 사용합니다. 발광다이오드는 점광원에 가깝지만 멀리까지 빛을 보내는 능력은 그리 높지 않습니다. 많은 발광다이오드를 장치하고, 확산판으로 덮은 면광원으로의 방안이 활발하게 이루어지고 있습니다.

부록 LED에 관한 Q&A

Q26 가열발광, 양자발광, 루미네선스란 무엇입니까?

:: A   발광하는 형태의 종류입니다. 촛불이 연소하거나 백열전구가 발광하는 것은 물체가 가열되어 열과 함께 가시광 방사되는 가열발광입니다. 순도가 높은 분자군이 외부에서 에너지를 받아 전자의 에너지 준위를 올렸다 떨어질 때, 특정한 에너지를 방사합니다. 이것이 양자발광이고, 단일파장 발광이 됩니다. 루미네선스는 형광이라든지 인광이라 불리고 있는 것입니다. 다량의 열을 동반한 가열발광 이외의 발광 현상을 총칭한 표현입니다. 발광다이오드는 루미네선스의 부류에 속합니다. 루미네선스는 생물발광과 유기 EL(일렉트로 루미네선스)도 포함됩니다.

Q27 포톤(photon)이란 무엇입니까?

:: A   광자의 영어 표현입니다. 빛은 자세히 보면 하나하나의 에너지 알갱이로 되어 있고, 하나의 에너지 단위가 $h\nu$(h는 플랑크의 정수, ν는 빛의 진동수)가 됩니다. 전자와 빛은 이 단위로 에너지를 주고받고 있습니다. 주파수가 높은 청색빛과 자외선은 에너지가 높아집니다. 광자라고 한마디로 말하지만 $h\nu$로 정리되는 것의 여러 가지 에너지 레벨을 가진 것이 있다는 것을 이해할 수 있습니다. 빛을 미시적으로 보면 연속된 현상이 되지 않고 건너뛴 현상이 되는 것은 광자($h\nu$)의 행동이 현저해지기 때문입니다.

Q28 포논(phonon)이란 무엇입니까?

:: A   격자진동의 영어 표현입니다. 포톤(photon)의 상대도 자주 사용되는 언어입니다. 포톤이 $h\nu$로 정하는 에너지인 것에 대해, 포논은 여러 잡다한 에너지의 집합이라 할 수 있습니다. 포논은 분자 자체가 운동할 때에 나오는 에너지로, 열에너지라든지 잡음이라는 개념으로 사용되고 있습니다. 발광다이오드는 원리상 포

톤에 의한 발광을 합니다만 소자 내부에서는 당연히 열도 발생하고 이것이 포논이 됩니다. 포논을 제어하여 포톤을 나오게 하는 것이 발광효율을 향상시키는 열쇠가 됩니다.

Q29 자외선이 나오는 발광다이오드가 있습니까?

:: A 363nm의 근자외발광을 하는 질화갈륨(GaN) 소자를 이용한 자외 LED 가 시판화되고 있습니다. 300nm 이하의 자외 LED에 대해서도 계속해서 개발되고 있습니다. 이것은 수은 램프 등에 비해 광량은 적지만 취급이 편리하므로 그런 응용에 수요가 늘어나고 있습니다.

Q30 자외선 다이오드는 어디에 사용됩니까?

:: A 자외광원의 수요는 정육가공장 등의 살균장치와 공기청정기의 멸균처리, 지폐, 인쇄물 감정(鑑定), 수지의 경화처리장치, 형광 발광 응용에 사용되고 있습니다. 자외선은 양자 에너지가 높기 때문에 인체에 미치는 영향을 염려하여 사용시 충분히 주의해야 합니다.

Q31 X선 발광다이오드란 무엇입니까?

:: A X선은 매우 특수한 광원으로 고압전원을 사용하여 전자를 고속으로 타깃에 충돌시켜 얻을 수 있는 것입니다. 발광다이오드에서는 이 같은 높은 에너지를 가진 전자파 방사를 얻기 위한 에너지갭을 가진 소자가 없기 때문에 현재는 불가능합니다. 특수한 연구 목적으로는 개발이 이뤄지고 있습니다.

부록   LED에 관한 Q&A

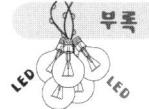

Q32 스트로보 발광을 하는 발광다이오드가 있습니까?

:: A   발광다이오드는 응답성이 좋기 때문에 10μs (1/100,000초) 정도의 발광을 할 수 있습니다. 휴대전화의 스트로보에는 발광다이오드가 사용되고 있습니다. 일반적인 스트로보는 제논 램프이므로 고압전원이 필요해집니다. 발광다이오드에서는 고압전원이 필요 없고 유리관도 아니므로 콤팩트하게 할 수 있습니다. 단, 발광휘도는 제논 스트로보 쪽이 높고, 프로페셔널 용도와 광범위에서의 촬영, 조사거리가 긴 촬영에는 부적합합니다.

Q33 발광시간은 얼마나 짧게 할 수 있습니까?

:: A   시판되고 있는 LED 스트로보는 100μs (1/10,000초)의 발광을 합니다. 공업용 LED 스트로보 광원은 10μs (1/100,000초)까지의 발광을 할 수 있습니다. 1μs (1/1,000,000초)에서의 발광이 한계입니다. 광량이 큰 LED일수록 짧은 발광시간이 어려워집니다.

Q34 1초간 몇 번 발광합니까?

:: A   발광다이오드를 사용한 스트로보 장치에서는 1초에 최대 100,000회 발광을 합니다. 이와 같은 주파수가 높은 발광을 하는 목적은 매우 빠른 현상을 자세하게 촬영하기 위해서입니다. 다중 노광 목적도 이런 주파수가 높은 스트로보 발광이 사용됩니다.

상급편(빛 관련)

Q35 거리의 네온사인은 발광다이오드로 바꿀 수 있습니까?

:: A 네온사인은 네온과 수은을 넣은 저압방전관에서의 방전발광입니다. 도시의 저녁 풍경은 최근 10년 사이에 상당히 바뀌었습니다. 네온사인이 모습을 감추고, 대신에 발광다이오드를 사용한 대형 화상 표시 장치가 설치되었습니다. 대형 화상 표시는 표현이 풍부하고 휘도도 높기 때문에 낮에도 사용할 수 있습니다. 네온사인은 발광 휘도의 관계상 낮에 사용할 수는 없습니다. 향후, 길거리 풍경도 LED를 중심으로 변화가 이루어질 것입니다.

Q36 발광다이오드의 액정 텔레비전이 왜 각광받고 있습니까?

:: A 기존의 액정 텔레비전은 액정화면을 비추는 광원으로 형광관을 사용하고 있었습니다. 형광관은 수명이 짧고 충격과 열에 대해서도 발광다이오드보다 떨어집니다. 또, 형광관은 플리커(깜빡거림)가 있습니다. 밝기 조정도 무단계(無段階)에는 할 수 없습니다. 그런 형광관의 약점을 보충한 것이 발광다이오드를 사용한 액정 텔레비전이었습니다. 발광다이오드에서는 보다 섬세한 배광과 밝기 조정이 가능하므로 화면의 구석구석까지 밝은 빛을 균일하게 보낼 수 있습니다. 큰 화면일수록 발광다이오드의 특징이 살아납니다.

부록
상급편 (전기 관련)

Q37 발광다이오드의 사용에서 전류와 전압은 어떤 관계가 있습니까?

:: A 발광다이오드를 빛나게 하기 위해서는 적절한 전압과 전류가 필요합니다. 발광다이오드의 부류인 트랜지스터로 대표되는 반도체 소자는 전류제어소자라고 불리고 있고, 흐르고 있는 전류를 조절하여 동작시키고 있습니다. 전압조정은 아닙니다. 건전지를 직접 발광다이오드에 연결하면 불에 타서 부서질 우려가 있습니다.

반도체 소자에는 재미있는 성질이 있어 흐르는 전류에 따라 소자간 전압이 결정됩니다. 전류에 따라 전압치가 약간 변화한 것입니다. 그 특성은 발광다이오드의 데이터시트에 기재되어 있습니다. 일반적으로 발광다이오드에 흐르는 전류는 5mA에서 20mA 정도입니다. 파워 LED가 되면 100mA에서 1A 정도가 됩니다. 이런 특성에 충분히 유의하여 전기회로를 설치할 필요가 있습니다.

Q38 발광시키는데 왜 전류치가 중요합니까? 전압이 중요하지 않습니까?

:: A Q37과 관련되어 있기 때문에 같이 참조하십시오. 발광다이오드에 전압을 더하여 어느 전압을 넘으면 전류가 급격하게 흐릅니다. 발광다이오드 자체에는 전류를 제한하는 기능이 없기 때문에 5V와 같은 낮은 전압이라도 수 A나 흐르게 하는 전원을 사용한 경우, 발광다이오드는 쉽게 불에 타서 부서집니다. 발광다이오드에 흐르는 전류는 반드시 정해진 수치로 유지하는 이유가 여기에 있습니다.

상급편(전기 관련)

Q39 W(와트)는 전력표시? 아니면 광에너지?

:: A   W(와트)는 에너지의 국제단위입니다. 빛도 에너지이므로 당연히 W 표시를 할 수 있습니다. 레이저 등은 인간의 눈에 보이지 않는 파장의 빛을 취급하는 경우가 많고, 단색광이므로 W로 표시하고 있습니다. 발광다이오드에서의 W표시는 소비하는 전력의 표시이고 광에너지는 아닙니다. 이것은 백열전구와 형광등의 표시 방법과 같습니다. 전력소비의 수치로 밝기를 추측하게 됩니다. 이 타입의 광원은 밝기 그 보다도 소비전력 쪽에 관심이 높은 것입니다.

Q40 순전류란 무엇입니까?

:: A   발광다이오드는 직류로 구동시킵니다. 당연히 극성이 있고 (+)극과 (-)극을 바르게 결선해야 합니다. 순전류란 전원을 바르게 접속했을 때에 발광다이오드에 흐르는 전류를 말합니다.

Q41 문턱전류란 무엇입니까?

:: A   발광다이오드가 빛나기 시작하는 전류치입니다. 이 이하의 전류에서는 발광하지 않습니다. 발광다이오드는 정해진 범위에서의 전류를 흐르게 함에 따라 광량을 조절할 수 있습니다. 문턱전류는 발광에 필요한 최소의 전류치를 말합니다. 덧붙여 말하면 발광다이오드의 카탈로그에는 문턱전류는 없습니다. 반도체 소자에서는 자주 사용되는 언어입니다.

부록 LED에 관한 Q&A

Q42 전원을 거꾸로 접속하면 어떻게 됩니까?

:: A   발광하지 않습니다. 단순하게 극성을 잘못 결선한 것뿐이라면 발광다이오드가 망가지지는 않습니다. 또, 대부분의 발광다이오드에서는 그런 실수를 갖추어 역접속 하더라도 망가지지 않도록 보호 다이오드(제너 다이오드)를 부착하고 있습니다. 극성(양극과 음극의 접속)은 중요하므로 충분히 유의해야 합니다.

Q43 밝기와 소비전력의 관계는 비례합니까?

:: A   밝기는 흐르는 전류에 거의 비례합니다. 전류를 2배 흐르게 하면 밝기는 2배가 됩니다. 자세하게 말하자면 발광다이오드에 흐르는 전류에 따라 단자간 전압이 약간 변화하므로 전류와 전압의 곱으로 구한 전력은 정확하게는 비례하지 않는 것이 됩니다. 하지만 거의 비례하므로 밝기에 비례하여 전력을 소비한다고 생각해도 됩니다.

Q44 최대 정격이란 무엇입니까?

:: A   발광다이오드에 더해져서는 안 되는 조작 요소입니다. 발광다이오드에서는 전류치가 맨 앞에 규정되어 있습니다. 전류치가 최대치를 넘으면 불에 타서 부서지게 됩니다. 다음으로 규정하고 있는 것은 허용 손실입니다. W 표시로 되어 있어 전류와 전압의 곱이 됩니다. 최대 전류를 주었을 때, 허용 손실을 이 전류로 나누어 끌어낸 전압이 발광다이오드에 걸리는 최대 전압이 됩니다.

다음으로 규정하고 있는 것이 소자의 동작온도입니다. 온도가 높아지면 수명이 단축되어 불에 타서 부서지게 됩니다.

Q45 최대 정격을 넘게 사용한 경우에는 어떻게 됩니까?

:: **A** Q44에서도 말했지만 최대 정격을 넘게 사용한 경우, 메이커의 보증이 없이 불에 타서 부서지게 됩니다. 이 수치는 꼭 지켜야 할 수치입니다.

Q46 발광다이오드의 소비전력과 발광은 같은 것입니까?

:: **A** 다릅니다. 발광다이오드는 발광하기 위해 반도체 소자 내부에서 발열합니다. 발광 그 것에는 열 성분은 거의 포함되어 있지 않지만 소자 내부에서는 빛을 만들어 내기 위해 발열합니다.

발광다이오드는 소비하는 전력의 약 15~35%가 빛으로 바뀌고 나머지는 열이 됩니다. LED 전구 등에서는 밝기의 표준으로 와트 표시에 따른 소비전력 표시가 사용되고 있습니다만 이 표시분의 에너지가 모두 광에너지로 변하는 것은 아닙니다.

Q47 면실장형 발광다이오드란 무엇입니까?

:: **A** 면실장형 발광다이오드란 평평한 다이스(dies)와 같은 형상을 한 것으로, 땜납한 면이 넓습니다. 이 타입의 반대에 있는 것이 가늘고 긴 다리를 가진 포탄(리드핀)형입니다. 면실장형은 방열성이 좋고, 설치가 단단하게 되어 있고, 콤팩트하게 실장할 수 있으므로 파워 LED와 기판상에 복수 배치할 목적으로 사용됩니다.

부록 LED에 관한 Q&A

Q48 발광다이오드의 빛을 모으는 데는 어떻게 하면 좋습니까?

:: A 발광다이오드는 작은 쌀알 같은 면에서 방사되고 있습니다. 이른바 점광원입니다. 이를 돋보기와 같은 볼록 렌즈를 점광원 앞에 두면 빛을 멀리 보낼 수 있게 되거나, 집광시킬 수 있습니다. 발광다이오드는 포탄형이고, 면실장형이고, 이미 플라스틱 렌즈가 장착되어 있습니다. 그런 렌즈와 반사경이 붙어 있더라도 발광다이오드 앞에 다른 렌즈를 장착하는 것으로 배광 특성은 꽤 바뀝니다. 사용할 발광다이오드의 데이터시트의 배광 특성을 조사하여 적절한 렌즈를 선택합니다. 포탄형 발광다이오드의 수지부를 깎아, 플라스틱 파이버를 삽입하면 간단하게 광섬유 광원이 생깁니다. 관상용 일루미네이션은 세세한 부분에 빛을 조사하고 싶을 때 편리합니다.

Q49 밴드갭이란 무엇입니까?

:: A 간단하게 말하자면 발광다이오드의 발광에 필요한 전압입니다. 이 전압 이하에서는 발광은 이루어지지 않습니다. 이 언어는 반도체의 구조로 생긴 언어입니다. 에너지갭이라고도 합니다. 발광다이오드에 한하지 않고 반도체 소자에는 모두 이 수치가 있어, 소자에 따라 그 수치가 변합니다. 발광다이오드의 경우 적색이 1.8V 정도에서 발광하고, 청색, 백색에서는 3.4V 정도의 전압이 필요해집니다. 파장이 짧은 빛을 내는 발광다이오드일수록 반도체 소자 구성의 에너지갭이 높기 때문에 높은 전압이 필요합니다.

Q50 여기(勵起)란 무엇입니까?

:: A 외부에서 자극을 받은 분자 또는 원자가 안정된 상태에서 불안정 상태가 되는 것을 말합니다. 예를 들면 스키어가 스키장 밑에서 리프트로 정상까지

올라가는 상황과 비슷한 개념입니다. 즉, 원자를 구성하고 있는 전자가 외부에서 광에너지와 전자에너지를 받아 안정된 궤도보다도 하나 이상 위의 궤도로 옮겨간 상태가 됩니다. 이 상태는 에너지를 축적한 상태이므로 에너지를 방출하여 원래의 안정된 상태로 되돌아오려고 합니다. 이 때 일정한 파장의 전자파를 방출합니다. 원자를 구성하고 있는 전자는 일정한 준위만 가지고 있기 때문에 방출된 에너지도 일정파장인 것이 되는 것입니다. 발광다이오드의 발광원리는 여기에서 온 것입니다.

Q51 발광다이오드를 여러 개 사용할 수 있습니까?

∷ A   당연히 가능합니다. 교통신호기와 LED 전구 등에는 복수의 발광다이오드를 사용한 제품이 나오고 있습니다. 발광다이오드를 여러 개 사용할 때는 배선에 주의해야 합니다. 발광다이오드를 여러 개 접속하는 데는 직렬로 연결하는 방법과 병렬로 연결하는 방법이 있습니다.

  직렬로 연결하는 경우는 연결한 부분만큼 가산된 전압이 필요해집니다. 병렬로 연결한 경우는 전압은 1개분으로 끝나지만 개수만큼의 전류를 제어하는 소자(저항 등)가 필요해집니다. 직렬접속은 배선이 편리하지만 고전압이 필요해지고, 1개의 발광다이오드가 망가졌을 때 모든 발광이 멈추는 문제가 있습니다. 병렬접속은 직렬접속에서 설명한 결점을 극복하고 있습니다만 회로가 복잡해지는 결점이 있습니다.

부록 상급편(열 관련)

Q52 발광다이오드의 빛에 열은 포함되어 있습니까?

:: A   기본적으로는 포함되어 있지 않습니다. 발광다이오드의 큰 특징은 특정 파장(적색이라든지 녹색, 청색)에 따른 발광이기 때문에 다른 발광 파장과 열(적외선) 성분은 포함되어 있지 않습니다. 단, 전혀 포함되어 있지 않은 것이 아니라 소자에서의 복사에 따라 소량의 열이 섞이는 경우가 있습니다.

Q53 빛과 열이 발생하는 비율은 어느 정도입니까?

:: A   방사되는 빛 중에는 대부분 열 성분 포함되어 있지 않지만 소자 자체에서 발열이 있습니다. 그 비율은 빛 성분 15~35%에 대해 열 성분 85~65%입니다.

Q54 발광다이오드는 몇 도까지의 온도에서 사용할 수 있습니까?

:: A   대부분의 발광다이오드는 80~100℃ 정도까지 사용할 수 있습니다. 하지만 주위 온도가 100℃인 곳에서 사용할 수 있는가 하면 그것은 잘못된 것이고, 주위 온도는 그것보다도 더욱 낮은 곳이 아니면 수명을 단축시키거나 손상시킵니다. 발광다이오드에서 나오는 열이 방출되지 못해 발광다이오드 온도가 올라가기 때문입니다. 주위 온도가 50℃ 이하에서 충분히 환기가 이루어진다면 문제가 없을 것입니다.

상급편(열 관련)

Q55 발광다이오드에 발열 대책은 필요합니까?

:: A   닫힌 상자 속이라든지 장시간 파워 LED를 점등하는 경우에는 방열 대책이 필요합니다. 발광다이오드 자체는 80~100℃까지 견딜 수 있기 때문에 연속 사용할 경우라도 기판온도가 50℃ 이하라면 크게 문제없습니다. 그 온도 이하가 되도록 방열판을 장착하거나 냉각팬을 돌리는 등 방열 대책을 할 필요가 있습니다.

Q56 발열을 억제하기 위한 냉각은 어떻게 하면 좋습니까?

:: A   파워 LED의 경우에는 방열 기판이 부속으로 준비되어 있으므로 그것에 설치하여 방열 대책을 세우면 괜찮습니다. 필요에 맞게 별도 방열팬을 설치하는 경우도 있습니다. 방열판이 뜨거워지면 냉각팬으로 방열판을 식힙니다. 물로 냉각하는 것은 웬만한 경우를 제외하고는 사용되지 않으리라 생각됩니다. 표시용 포탄형 LED는 대부분의 경우 자연 냉각으로도 문제없습니다.

Q57 발열과 수명은 관계가 있습니까?

:: A   밀접한 관계가 있습니다. 정격으로 사용하고 있는 경우에는 크게 문제가 되지 않지만 고온 상태에서 계속 사용하면 수명에 큰 영향을 줍니다. 파워 LED는 그런 이유 때문에 일반 LED보다는 수명이 짧습니다.

Q58 발광다이오드를 사용할 때 방열판이 반드시 필요합니까?

:: A   반드시 필요하지는 않습니다. 일반적으로 파워 LED 쪽이 발열이 크기 때문에 방열 대책을 세운 기판이 사용됩니다. 파워 LED에서도 연속 사용을 하지 않고 단기간으로 사용하는 것이라면 발열도 적기 때문에 작은 방열판으로 사용할

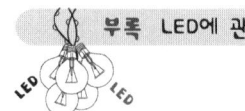

부록 LED에 관한 Q&A

수 있습니다. 중요한 것은 발광다이오드의 온도가 정격을 넘지 않는 범위에서 사용되어야 하는 것에 유의해야 합니다.

Q59 고열에 견딜 수 없어진 발광다이오드는 어떻게 됩니까?

:: A   초기 성능을 만족하지 못하게 되고, 점등하지 않게 됩니다. 이 같은 상황이 되면 교환 처리가 필요해집니다.

Q60 열저항이란 무엇입니까?

:: A   열저항은 발광다이오드가 발열하는 정도를 소비전력당 온도 상승으로 나타낸 수치(℃/W)입니다. 이 수치가 높을수록 발광다이오드의 발열이 큰 것을 나타냅니다. 열저항은 방열설계를 하는 경우에 편리한 수치이므로 방열판과 실장기판의 열저항과 주위 온도 등을 간단한 수식으로 바꿔 온도 상승을 검토할 수 있습니다. 주위 온도와 발광다이오드 사용 온도의 차가 열저항으로 표시되는 온도 상승 이내에 있으면 문제가 없습니다. 주위 온도가 올라 발광다이오드의 사용 온도와의 차가 열저항분 내에 들어가지 않으면 수명과 불에 타서 부서지는 등의 장해가 생깁니다.

Q61 정션 온도란 무엇입니까?

:: A   발광다이오드 소자의 핵심 부분인 PN 접합부를 정션이라 합니다. 이 부분이 가장 온도가 올라간 곳으로, 이 부분의 온도를 정션 온도라 합니다. 정션 온도를 상시 관리하는 것은 어렵습니다만 Q61에서 설명하는 열저항을 사용하여 발광다이오드 소자의 실장면(實裝面)에서 온도를 측정하면 정션 온도를

상급편(열 관련)

계산으로 구할 수 있습니다. 정션 온도를 넘게 발광다이오드를 사용해서는 안 됩니다. 즉,

$$\text{최대 정션 온도} - (\text{열저항} \times \text{소비전력}) > \text{주위 온도(실장부 온도)}$$

가 되도록 발광다이오드 설치부 온도를 관리합니다.

Q62 빛과 열은 어떻게 구별합니까?

:: A 　빛도 열도 전자파인 점에서는 같습니다. 둘 사이의 차이를 단적으로 말하면 인간의 눈으로 인식할 수 있는 것을 '빛'이라 하고, 인간이 따뜻하다고 느낀 대상물이 방사하고 있는 것을 '열'이라 합니다. 열은 가시광보다도 파장이 긴 영역의 것입니다.

일반적으로 빛은 파장으로 말하면 400nm의 청색에서 700nm의 적색까지의 영역을 가리킵니다. 학술적으로는 X선도 빛으로 취급하는 경우가 있기 때문에 빛의 취급이 어렵지만 대체로 인간이 인식할 수 있는 가시영역을 빛이라 생각해도 됩니다. 학술적인 분야로 들어갔을 때만 자외선과 X선을 빛이라 부르는 경우가 있다고 주의해 두십시오.

열은 700nm에서 $40\mu m(=40{,}000nm)$의 파장을 가진 전자파로, 적외선 방사라고도 불립니다. 빛을 논의할 때, 예로 들어지는 열은 적외선의 파장으로 말하면 $0.7\mu m \sim 10\mu m$까지를 말합니다. $10\mu m$의 적외선은 온도 20도의 물체가 가장 자주 나오고 있는 파장입니다.

부록 LED에 관한 Q&A

Q63 빛도 열작용을 합니까?

:: A   빛은 에너지이므로 당연히 물체에 작용합니다. 그 작용은 화학작용도 물론이거니와 열작용도 있고 물체를 따뜻하게 할 수 있습니다. 레이저 등에서는 특수한 목적으로 가시광 레이저로 금속을 고온 가공하는 경우가 있습니다. 단, 물체를 따뜻하게 하는 것만을 목적으로 가시광을 사용하는 것이 좋은 방법이 아니므로 사용하지 않는 것뿐입니다.

발광다이오드가 방출하는 빛은 가시광 영역이 대부분이고, 열성분(적외성분)은 거의 포함되어 있지 않습니다. 하지만 빛도 에너지이므로 파워 LED를 근거리에서 장시간 계속 조사하면 물체의 온도는 많이 상승합니다.

【자료 1】 플랑크의 방사법칙

$$\text{Me}(\lambda, T) = c_1 \lambda^{-5} \{\exp(c_2/\lambda T) - 1\}^{-1}$$

$M_e(\lambda, T)$: 분광 방사 발산도 [W·m^{-2}·nm^{-1}]
λ : 빛의 파장(단위는 nm)
T   : 방사체의 온도(단위는 K, 켈빈)
c_1 : $2\pi c^2 h$
c_2 : ch/κ
h   : 6.626×10^{-34} J·s(플랑크 정수)
κ : 1.380×10^{-23} J/K(볼츠만 정수)
c   : 2.998×10^8 m/s(진공 속 빛의 속도)

【자료 2】 빛에 관한 주요 기호

파동으로써의 빛의 모델			입자로써의 빛의 모델		
기호	명칭	설명	기호	명칭	설명
a	진폭	빛의 강도 = $\|a\|^2$	e	전하	없음(무유도성)
λ	파장	$1 \times 10^{-9} \sim 1 \times 10^{-3}$ m (가시광 400~700nm)	m	질량	0(정지질량은 없음)
p	위상	$0 \sim 2\pi$ [rad]	E	에너지	$E = h\nu$ h : 플랑크 정수 ν : 빛의 주파수(=c/λ)
c	광속	$c = 2.998 \times 10^8$ [m/s]	P	운동량	$P = h\nu/c$ c : 광속
ν	주파수	$\nu = c/\lambda$	N	개수	생성 / 소멸이 자유
	편광	직선편광, (타)원편광			
	코히런스 (coherence)	파장의 순도, 간섭하기 쉬움		통계적 성질	보스 통계(보스 입자) 회전(자전) = 1에 대응

부록 LED에 관한 Q&A

【자료 3】 조도 · 휘도 환산표

	조도[주1] 럭스	조도[주1] 풋 칸델라	휘도 (cd/m²)	휘도 (nt=니트)	광속발산도 라들럭스	광속발산도 풋 람베르트	광속발산도 람베르트	휘도 아포스틸부
조도 (럭스)[주1]	1	1/10.764	0.18/π	0.18/π	0.18	0.0167	1.8/100,000	0.18
조도 (풋 칸델라)[주1]	10.764	1	1.94/π	1.94/π	1.942	0.18	1.94/100,000	1.94
휘도 (cd/m²)	5.56π	0.515π	1	1	π	π/10.764	π/10,000	π
휘도 (nt=니트)	5.56π	0.515π	1	1	π	π/10.764	π/10,000	π
광속발산도 (라들럭스=lm/m²)	5.56	0.515	1/π	1/π	1	1/10.764	1/10,000	1
광속발산도 (풋 람베르트=lm/ft²)	58.8	5.56	10.764/π	10.764/π	10,764	1	10.764/10,000	10,764
광속발산도 (람베르트=루멘/cm²)	55,556	5,145	10,000/π	10,000/π	10,000	10,000/10.764	1	10,000
휘도 (asb=아포스틸부) (1/π)·cd/m²	5.56	0.515	1/π	1/π	1	1/10.764	1/10,000	1

주1) 조도와의 휘도 환산은 반사하는 재질에 따라 다르기 때문에 18% 반사 재질에서의 환산휘도라 했다.

※ 표를 보는 방법의 예:
1럭스 = 0.0573니트 = 0.0573cd/m² = 0.0167 풋 람베르트 = 0.18 아포스틸브
또, 표 안의 빛의 양을 나타내는 단위로는 본편에서 설명을 생략한 것도 포함되기 때문에 아래에 보충한다.

- 칸델라(candela)[cd]
  광도를 나타내는 단위. 555nm의 빛이 입체각당 1sr(스테라디안)로, 1루멘 또는 1/683W(와트) 방출되는 에너지를 1cd라 정의한다.

- 루멘(lumen)[cd/sr]
  광속을 나타내는 단위. 1칸델라(cd)의 광도를 가진 빛이 단위입체각 1sr(스테라디안)로 방사되는 빛의 양을 나타낸다. 광도와 조도, 휘도를 중개하기 때문에 환산에 편리.

- 럭스(lux)[lumen/m²]
  조도를 나타내는 단위. 입사광속의 단위. 단위평면(m²)에 얼마만큼의 빛(광속=루멘)이 들어올지를 나타낸다.

- 풋 칸델라(ft-cd)[lumen/ft²]
  조도를 나타내는 단위. 럭스가 SI단위계인 것에 대해 이는 1평방피트당 입사광속을 나타낸다.

- 니트(nt, nit)[cd/m²]
  휘도를 나타내는 단위로 방사광의 밀도단위. 외관의 단위면적에서 입체각당 얼마만큼의 빛(광도)이 방사되는지를 나타낸다.

- 라들럭스[lm/m²]
  광속 발산도라 불리는 단위로, 완전확산면에서는 조도에 상당. 의미는 단위면적에서 발하는 광속으로 다음은 조도와 같다. 아포스틸브와 같다.

- 풋 람베르트[lm/ft²]
  광속 발산도를 나타내는 단위로 미국, 영국에서 사용되고 있는 휘도 단위. footlambert(단위 fL)라 불린다.

- 람베르트[lm/cm²]
  광속 발산도를 나타내는 단위로 단위면적을 cm²로 한 것. 라들럭스가 m²를 단위로 하고, 풋 람베르트가 ft²을 단위로 하고 있는 것에 대해 람베르트는 cm²를 단위면적으로 하고 있다.

- 아포스틸브(asb)[lm/m²]
  광속 발산도로 단위면적을 m²로 하고 있다. 라들럭스와 같다. asb=1/π·cd/m²=lm/m²

- 스틸브(sb)[10⁴cd/m²]
  휘도의 단위. cm을 주 요소로 한 CGS 단위이고, cm²당 1cd에 상당한다. stilb라고도 한다. sb=1/cd/cm²=10⁴cd/m². 쾌청한 하늘의 휘도는 0.2~0.6sb. 스틸브의 어원은 램프를 의미하는 그리스어에서 왔고, 1921년 프랑스의 블론델(A. Blondel)이 명명하였다.

찾아보기

숫자, 영문

7 세그먼트 LED 22
BNC 케이블 204
CCD 센서 141
cd 56, 62, 77, 225
CIE 229
GaAs → 비화갈륨
GaN → 질화갈륨
HID 램프 91
IC 소자 18
Kino Flo 90
LED 백라이트 액정 텔레비전 149
LED 프린터 151
Light Emitting Diode 5, 218
lumen 29, , 226
Lux 29, 225
Luxeon 142
MIS 25, 34
MOS 34
N형 반도체 17, 18
P형 반도체 15, 17, 18
PN 접합 18, 19, 20, 23, 25, 34
PWM 196
SSR 157
TL12W03 173
UHP 램프 94
X선 광원 117
YAG 113

ㄱ

가열발광 7, 48, 230
가열작용 51
간접 천이형 발광 67
개구수 160
격자정수 34
격자진동 67
고압 수은등 91
공유결합 15
공진 110
관구 필라멘트 전구 79
광도 186, 187, 225
광속 57, 60, 68
광자 64, 123, 230
광전효과 64, 123
광출력 29, 178
광섬유 26, 52, 238
교통신호기 146
구동전류 38, 39
구동전압 38
국제도량형총회 56
국제촉 56
그랜드 레벨 154
금제대폭 66, 68
기체 크로마토그래피 50

ㄴ

나트륨 램프 100
니시자와 준이치 170
니트 60

ㄷ

단위입체각 57, 226, 246
더블 헤테로 구조 115
데이터시트 173, 183
도어 센서 149
도트 매트릭스 144
도핑 15, 18
동작온도 236
동작 전류 176
동작 전압 176
동작 주위 온도 189

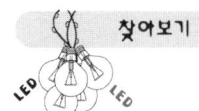

찾아보기

ㄹ

라운드　21
라인 센서　140
랭뮤어　85
럭스　29, 58
레이저 다이오드　114
레이저 메스　51
레이저 포인터　114, 222
레이저　7, 25, 34, 47, 61, 109
로제브　21
뢴트겐　119
루멘　29, 30, 186, 225, 226
루미네선스　123, 230
루미레즈사　142
루비 레이저　109, 113
리드핀　213

ㅁ

마찰 루미네선스　125
매질　27, 111, 112
맨틀　79
머독　77
메탈 할라이드 램프　96
면광원　9, 229
밀리칸델라　28

ㅂ

바코드 스캐너　141
반도체　5, 14, 15, 17, 19, 21
반도체 레이저　25, 114, 221
반응열 발광　49
발광파장　8, 101
방열대책　130
방열판　176, 199
방전발광　49
백색 발광 다이오드　33, 35, 130, 139
백열전구　3, 24, 47, 82, 147, 165, 220
밴드갭　66, 238
벽개　26, 115
보존 온도　175
불활성 가스　84

브레이크 다운　106
블루 프레임　76, 77
비화갈륨　18, 22, 26, 66, 68, 115, 221
빈　46
빛의 증폭　26, 111, 112
빛의 증폭　26, 112
삼단자 레귤레이터　194

ㅅ

생물 루미네선스　125
셀룰로오스　83
손전등　142, 220
솔리드 스테이트 릴레이　157
수은등　86, 127
스완　83
스트로보 LED　206

ㅇ

아르곤 가스　85
아우디　148
아카사키 이사무　170
아크 전등　79
안티몬　17
알레산드로 볼타　81
액체질소냉각　25
양자 에너지　44, 51, 68
양자발광　6, 63
에너지 반전분포　110
에너지 준위　112
에저튼　104
에피택셜 성장　68
여기발광　49, 66
역전압　182
연색성　92, 128
열 루미네선스　124
열잡음　26
열저항　182, 199
오쿠노 야스오　67
완전 흑체　56
위치 센서　140, 162
유도방출　110, 111
유리 엔벨로프　93

찾아보기

음극선 루미네선스　124
음자　63
이상흑체　56
인듐　15, 17, 96
일레븐 나인　17
일렉트로 루미네선스　123, 230

ㅈ

저마늄　14
저압수은등　86
전위차　18
전자파　44, 45, 63, 229, 231
절연파괴　106
점광원　143, 148, 161, 229
접합형 반도체　17
정류소자 다이오드　18
정류작용　16
제너 다이오드　172, 182, 236
제논 램프　102, 159
제논 플래시　104, 106
질화갈륨　8, 33, 221

ㅊ

청색 발광 다이오드　223
최대정격　199, 206, 236
측거 센서　161

ㅋ

카보런덤　21
칸델라　32, 56, 61, 62, 186
캐리어 소자　17
코히런트　111
콜리메이터 렌즈　27
쿨리지　83, 118
크립톤 전구　85
키르히호프　46

ㅌ

타이밍 LED　204
탄화규소　21
태양광　46, 49, 51, 73
텅스텐 할로겐 램프　86

데이터 통신　53
토머스 에디슨　78, 79, 82, 83
투명 플라스틱 광파이버　202
트랜지스터　3, 5, 8, 18
트리거 전극　108

ㅍ

파워 릴레이　157
파워 LED　175, 194, 200, 206
펌핑　112
포논　63, 228, 230
포토 다이오드　158
포토 디텍터　53
포토 인터럽터　156
포토커플러　153
포톤　63, 64, 228
표면 실장 타입　174
플랑크　45
플랑크의 방사법칙　245
플랑크의 정수　230
플리커 프리 밸러스트　97
플리커　89
필라멘트　83, 84

ㅎ

할로겐 가스　84, 86
할로겐 사이클　84
허용손실　175
험프리 데이비　81
형광등　3, 31, 73, 86, 87, 91, 123
형광재　35, 93, 95
호모접합　115
홀소자　17
화소 피치　145
화학 루미네선스　125
화학발광　49
화학작용　51
확대각　184
활성층　19, 26, 116
휘도　246
흑화 현상　84
희토류 원소　85, 95 104

알기 쉽게 설명한 LED 발광다이오드

원제 : らくらく図解 LED 発光ダイオドのしくみ   정가 : 16,000원

검 인
생 략

지은이 _ Ando Koushi(安藤 幸司)   2011. 11. 30 초판 1쇄 발행
역자 _ 김 소 라   **2013. 3. 25 초판 2쇄 발행**
감역 _ 방 형 진
펴낸이 _ 이 종 춘
펴낸곳 _ BM 성안당
주소 _ 413-120 경기도 파주시 문발로 112
전화 _ 031)955-0511
팩스 _ 031)955-0510
등록 _ 1973. 2. 1 제13-12호
홈페이지 _ www.cyber.co.kr

ISBN _ 978-89-315-2358-4

편집 : 더기획
영업 : 변재업, 차정욱, 채재석
제작 : 구본철

이 책은 Ohmsha와 성안당의 저작권 협약에 의해 공동 출판된 서적으로, 성안당 발행인의 서면 동의 없이는 이 책의 어느 부분도 재제본하거나 재생 시스템을 사용한 복제, 보관, 전기적·기계적 복사, DTP의 도움, 녹음 또는 향후 개발될 어떠한 복제 매체를 통해서도 전용할 수 없습니다.